U0658952

农产品安全生产技术丛书

香菇
安全生产技术指南

谭 琦 宋春艳 主编

中国农业出版社

编写人员

主　编　谭　琦　宋春艳

编写人员（按姓名笔画排序）

于海龙　刘俊杰

刘德云　宋春艳

张　丹　张红敏

尚晓冬　郑林用

黄　伟　黄志龙

章炉军　谭　琦

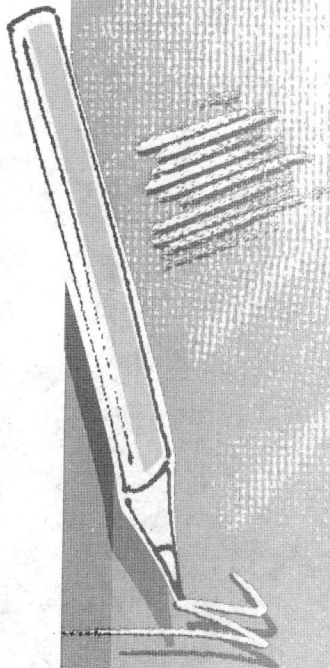

NONGCHANPIN ANQUAN
SHENGCHAN JISHU CONGSHU

目 录

第一章

香菇产业的发展

第一节　香菇栽培的历史

中国是世界上最早进行人工栽培香菇的国家，栽培历史已有800多年，大致经历了原木"砍花"、段木生产和代料栽培三个重要的发展阶段。

经现代考证，中国香菇栽培源自浙江省龙泉、庆元、景宁等3县连成一片的 $1\,300$ 千米^2 的菇民区，依靠的就是古老的"砍花"技术。《龙泉县志》记述："香蕈，惟深山至阴之处有之。其法，用干心木、橄榄木，名曰蕈楼。先就深山下砍倒仆地，用斧班驳剒木皮上，候淹湿，经二年始间出，至第三年，蕈乃遍出。每经立春后，地气发泄……"此文用185个字精辟地概括了选树、伐树、砍花、浇水、出菇、采收、烘干等完整的砍树剁花栽培香菇的技术。"砍花"法，即半野生半人工诱导栽培法，用斧子在倒伏的树木上砍花，保持湿度，靠野生香菇孢子随风飘落在砍花处发菌形成子实体而获成功。但是这种方法比较原始落后，香菇的产量取决于自然界中野生香菇孢子的浓度及质量，对气候环境的依赖甚多。

砍花法生产的香菇虽然菇形较小，菌肉较薄，但其香味浓郁，深受老百姓喜爱。虽然产量较低，但采收年限较长，"砍花"一次后，可连续采收四年。同时，在资源丰富的林区，对林木的更新也有着积极意义。虽然目前香菇栽培已经有了许多更加先进的栽培模式，但原木"砍花"法到今天还有少部分林区的菇农在使用。"砍花"法的最高干香菇年产量是 1938 年的 650 吨。

1928 年，日本森本彦三郎首先运用锯木屑香菇菌种接种段木获得成功，从此，香菇生产从原木"砍花"栽培走向人工栽培。随着中日两国民间交往，该法传入我国。浙江龙泉的李师颐和福建闽侯的潘志农等人对段木接种方法进行了传播。

段木栽培法就是指将适宜栽培香菇的阔叶树木伐倒后截成段木，人工植入香菇纯菌种，然后在适宜香菇生长的场地集中进行人工科学管理的方法。段木栽培法使自然状态下的砍花法栽培发展成为半人工、半自然状态下的栽培方法，实现了自然与人工的统一，是人工栽培香菇的一次技术性革命。这种方法既缩短了香菇的栽培周期，又大幅提高了香菇的产量。然而，弊端是消耗了大量的林木资源，危及生态平衡。

1978 年，上海市农业科学院食用菌研究所开创了木屑菌砖栽培法，这一方法利用工业下脚料——木屑作为培养料，改变了过去段木栽培的资源浪费，消除了香菇栽培的地域限制，使香菇生产从偏僻的林区迁移到了交通便利的平原地区，香菇产量得到了迅速的提高。代料栽培法利用富含纤维素、木质素和半纤维素的木屑等作为培养料，适量配加含有机氮、维生素及重要无机盐的麸皮、米糠和石膏等物质，配成适宜香菇生长的培养基。这是继段木栽培之后的又一次重大技术革命，大大提高了生物学效率。

1982 年之前，段木接种栽培和代料栽培木屑压块栽培并存，以段木接种栽培为主。1983 年，福建省古田县彭兆旺等人在银耳菌棒栽培的启发下，创造了香菇菌棒栽培技术，并迅速在福建省全面推广，使全省香菇产量由 1983 年的 308.9 吨，发展到 1989 年的 13 637 吨。之后的 20 年，代料栽培香菇技术在全国范围内迅速推广，最终，使香菇成为我国生产区域最广泛、总产量

最高、经济效益最大的主要栽培菇类，2009 年的总产量达到 340
万吨。

第二节 我国香菇产业发展的现状

一、新模式、新品种为产业发展提供重要的技术支撑

目前我国的香菇栽培以代料栽培为主，保留有极少部分段木栽培。香菇代料栽培经过 30 多年的发展后，出现了适应不同地区气候特点和栽培传统的多种栽培模式和品种。主产区最主要的香菇栽培模式有：层架花菇栽培模式、脱袋地面斜置栽培模式、半熟料栽培模式和覆土栽培模式等。

花菇一直是香菇中的上乘之品。它是香菇在生产过程中通过控制温度、湿度、光照和通风等自然条件，人为改变香菇的正常生长发育，使菌盖形成褐白相间的花纹，因而称为"花菇"。因其朵大、菇厚、含水量低、保存期长而享誉海内外。20 世纪 90 年代福建省寿宁县、浙江省庆元县的食用菌工作者在充分利用自然资源的基础上，因地制宜地创造出了人工调促花菇形成技术，实现了人工培育花菇的突破。当地受季风气候影响，秋冬季有西北风，晴朗干燥的气候居多，有利于香菇子实体分化和菌盖裂纹的形成，是南方花菇的主产区。湖北省随州市冬季光照充足，雨量少，昼夜温差大，也是盛产花菇的地区。脱袋地面斜置出菇主要是生产秋冬鲜菇的方法，适用区域广，产量高。在福建、浙江、河北等产区都有分布。覆土栽培多适用于夏季香菇栽培，利用地面的温度对菌棒进行降温和保湿，有利于高温季节生产优质的厚菇。半熟料栽培模式是辽宁省香菇栽培近年发展的新技术，该法利用大接种量和保温措施使菌丝迅速发满袋，后熟时间确保香菇产量。此法大大缩减了灭菌时间，节省了燃料。

各种栽培模式的成功应用与其配套良种是密不可分的，代料栽培初期有"74"系列品种配套压块栽培模式，香菇菌棒栽培模式是在"Cr"系列品种的配合下迅速推广的。近几年，由于菌种管理制度、菌种质量体系、品种评价体系的完善，香菇品种的混杂情况已经大为改观。2007年起，一批优良的香菇品种先后得到有关部分的认定。另外，香菇"808"、申香16号等一系列新品种的选育及应用对于产业可持续发展起到了积极的作用。

必须指出的是，香菇目前还没有做到工厂化周年栽培。其原因有几方面：一是香菇菌棒培养后熟期相当长；香菇出菇不同步，且出菇期较长，造成菇房利用效率低。二是香菇子实体形成和发育期间需要有6～10℃的昼夜温差，目前的工厂化设备很难操作并且需要消耗大量能源。长周期、高能耗势必影响工厂化产品的市场竞争力。

二、香菇生产设施化、规模化、标准化程度快速提升

凭经验、靠天收，一直是过去我国广大农村香菇生产的现状。栽培生产从分散生产到合作社、协会集中生产，生产过程集约化、机械化程度逐步提高，标准化生产成为现代农业发展的必然趋势。

首先是香菇生产设施有了很大的进步。香菇生产过程的拌料、装袋、接种、喷水等工序，费工费力，制约了香菇产业的发展。轻简化机械设备的制造和应用使香菇各生产环节从纯手工到逐步机械化，包括原料处理过程中的木材削片机、木屑粉碎机、自动过筛机，菌棒制作过程中使用的原料搅拌机、装袋机（立式装袋机、卧式装袋机、自动装袋机）、菌袋扎口器，菌棒制作阶段使用的高压灭菌设备、常压灭菌设备、自动打孔器，出菇管理

过程中的自动补水器、喷淋装置等。众多机械设备的使用，解决了劳动力与劳动强度的问题，继而使得香菇代料栽培面积迅速扩大。

在经济不断发展的新形势下，香菇产业规模仍在逐步扩大，各地政府大力引导、强化标准化示范工作。香菇标准化、规模化生产已经成为支持产业发展的重要工作。各家各户的小规模生产已经不能满足香菇销售市场的需求，产品质量不高，数量有限，小农小户的生产方式势必会被取代。标准化生产有利于提高产品的质量安全、商品品质。在香菇主产区，通过政府补贴进行了菇棚的改造和集中管理，通过建立示范种植基地，逐步推进标准化生产工作。以河南省西峡县为例，该县为了增强"西峡香菇"的国际市场竞争力，2006年成立了"西峡县香菇标准化生产出口基地联合会"，旨在进一步提高香菇品质，稳定农民收益。全县先在香菇栽培上做了三个改动，即：改木质香菇棚架为水泥制香菇棚，起到"永久、环保"的作用；改土路面为硬化路面，解决生产条件差的问题；改周围环境差为净化、绿化、美化的环境。另外，在原辅料、水源、菌种生产方面做好把关，给示范基地配备了灭菌炉、保鲜库、烘干炉等设备，一系列的标准化措施使西峡香菇产业的生产提高到了一个新的水平，形成了具有区域特色的西峡香菇产业。

三、生产时空持续扩展，产销两旺的趋势不变

我国地域辽阔，气候多样。香菇生产在科学技术进步的推动和广大菇农的努力下，近年来全国各地在木屑代料栽培香菇技术的基础上，结合不同的地域气候特点，创造了很多行之有效的栽培形式，灵活多样，因地制宜。我国香菇生产传统产区，主要分布在长江以南各省、自治区，这种布局是依附于传统栽培技术而

自然形成的。在发展食用菌生产上，我们过去忽略了食用菌生态学的研究，香菇是低温性菌类，我国北方地区大体跨越寒带和温带两个气候带，除极短的盛暑期，其余时间均可生产香菇，如河北省平泉县，地处河北省东北部，属大陆性季风气候。由于地貌复杂，高山丘陵交错起伏，川谷纵横，形成许多小气候区。该县充分利用气候与区域优势发展了夏季覆土生产香菇，因其生产的夏菇肉厚质优，很快就在国内夏季鲜香菇的市场中占据了一席之地。再比如辽宁省新宾县，属温带大陆性季风气候，一年四季分明，夏季多雨，冬季寒冷，春秋季较短。该县根据气候特点在春夏秋季生产香菇，除了引进南方的全熟料菌棒栽培技术外，还发明了半熟料栽培模式。高质量的夏菇、秋菇充实了市场的需求空间。因此，在北方开发更多的香菇生产基地，可充分利用自然条件扩展我国香菇生产的空间和时间。

另一方面，随着国民经济的发展，人民生活水平不断提高，香菇的营养保健作用逐步为老百姓所认识，国内香菇消费市场稳步上升，缓解了 2008 年金融危机以来出口数量大幅减少给香菇产业带来的冲击。传统的香菇产业是把香菇烘烤后干销，出菇季节基本集中在 11 月至翌年 5 月。近年来国内外香菇消费从干菇消费转向了干、鲜消费并重，鲜菇消费越来越活跃。倡导科学饮食，增加消费产品形式，拓展国内外的市场需求是提高香菇产业效益的重要途径。

第三节 我国香菇产业发展存在的问题

我国食用菌产业的发展已经进入了最佳时期，正在经历从传统向现代转变的过程，多个品种相互依存并共同发展。处于重要地位的香菇产业发展技术总体还停留在较低的水平上，这与我国作为世界香菇大国的地位极不相称，总结当前制约我国香菇产业发展的因素主要有以下三点：

一、产业发展与技术研发支撑力度不均等

我国香菇产业在过去的 30 多年中得到了长足发展，多个香菇主产区的香菇产品在国际市场上占有了一定的市场份额。但就产品质量的总体水平而言，与国外相比仍存在较大差距。主要表现在：①单产相对低且不稳定。据调查，日本香菇的转化率在 120％以上，其中花厚菇的产量占 70％以上；而我国香菇的转化率最高仅能达到 100％，且花厚菇的产量仅占 40％左右。②产品感官质量较差。我国香菇产品的感官质量对比日本和中国台湾地区有着较大的不足：色泽差，口感绵软，抑制了人们的饮食欲望；产品包装粗糙，不讲究，制约了消费者购买欲望。形成这一差距的因素是多方面的，但技术水平是决定因素。

如何从数量型向数量与质量并重型转变是香菇产业迫切要做的改变。既要强化香菇标准化、产业化生产，又要做好香菇基础科学研究，加强食用菌遗传学、生理学、生态学、生物工程等方面的研究，为选育新品种、开发新原料、高产优质高效生产技术提供理论依据，为香菇产业的持续发展提供科技支撑。只有提高香菇生产者的经营水平，实现高产优质，才能稳定香菇产业在国际市场上的竞争力。

二、产品生产与加工、销售融合不够深入，缺乏品牌意识

目前我国的香菇生产与产品加工水平仍相对较低，这也是我国香菇产业中最薄弱的环节。长期以来日本的香菇价格是我国香菇价格的 3～5 倍，除了其对本国产业保护的因素外，其原因还是在于我们的产品加工质量不高，且缺少具有国际竞争力的知名品牌。

首先是部分产品的生产手段和管理方法相对落后，栽培仍然依赖于种植者的感官和经验；其次是加工粗放，仅限于传统加工方法，缺乏对产品的系统性设计，对鲜菇的选择标准和加工过程中工艺参数的设定不够重视，质量难以保证。再者，国内大多数食用菌企业或是不重视品牌打造，或是对品牌的创立缺乏体系化的操作，至今尚未能形成几个全国乃至世界著名品牌产品。品牌打造的偏失，必然导致食用菌企业发展的乏力。倘若香菇产业仍只专注于生产，而忽视了品质的提升、忽视了品牌的重要性，势必在今后的国内外市场竞争中逐渐失去原有的优势。目前可以做的工作是打造一批有基础、有规模、有特色的食用菌品牌，争取获得驰名商标、著名商标和中国名牌农产品等称号，发挥品牌效应，促进企业做强做大；引导鼓励企业和专业合作社开展无公害农产品、绿色食品、有机食品及地理标志保护产品等认证；大力培育地方特色产品，打造"一乡一品"、"一县一品"等区位品牌。

三、原材料资源与劳动力压力不断显现

目前香菇栽培料的配方虽然添加了多种辅料，包括麦麸、米糠、玉米粉等，但是仍以木屑为主，且随着我国食用菌生产规模的扩大，一些主要原料供给不足，价格节节上涨。

目前香菇栽培原料可分为木业废料资源和生态林资源采伐两大类。随着国家林改政策的结束，香菇对林业资源的经济价值显著，林农对香菇栽培的热情势不可挡。林区农民获得了林业的经营权，如何把林业资源变为经济效益面临着生态保护和林产业发展的矛盾。研究如何使香菇产业与林产业的经济融合是解决问题的方法之一。通过选择性地计划密植育林，计划性地间伐，最后自然形成生态林，既实现了生态育林，又做到了可持续利用，不但原料成本低，而且这种育林方式的效益也会大大高于传统育林

模式，林农就会认可这样的循环利用方式，香菇产业的发展才不会因原材料的短缺受阻或受限。此外，长期以来，都是用阔叶树栽培香菇，导致阔叶树资源越来越匮乏。今后应加快开发利用节木、松杉木屑、竹木屑、果树枝条、蚕桑枝条、棉秆和豆秆、谷壳及废菌糠等多种农林废弃资源栽培香菇，使香菇生产向利用新资源的方向发展。

另一方面，香菇生产的劳动力压力也不断显现。主要有两方面：一是香菇栽培从业者年事渐高，却没有年青的接班人。这种情况在老产区尤其严重，辛苦的体力劳动使得从业者的后辈对继续香菇生产望而却步，这恐怕是农业生产共同面临的重大问题。二是劳动力成本不断提高，生产、加工规模的扩大使得雇佣成本不断上升。两者给香菇产业发展带来了前所未有的压力。

无论如何，目前的栽培现状下开展香菇生产就意味要消耗林木，如果不重视专用林木的培育、有计划地砍伐利用，势必形成菌林矛盾，破坏生态环境，影响产业的健康发展。开展以利用农林下脚料为目标的新原料资源研究，开展技术集成与创新研究，发明轻简化栽培技术，解决资源短缺、劳动力与劳动强度问题迫在眉睫。

第四节　我国香菇产业的发展趋势

一、受资源限制，规模扩展不会很大，供应转向四季均衡化

香菇市场自2007年以来价格一路上涨，鲜菇对比2005年以前平均提高35%左右，菇农受效益驱动影响，生产规模迅速扩大。但由于香菇产业是一项林木消耗产业，当地政府为保护生态必定会加以控制和采取有效的措施引导，否则在主产区就会出现毁林、伤林的局面，因此虽然香菇价格较好但受资源的限制，规

模持续扩展的可能性不大。另外由于香菇生长周期对比其他品种要长得多，技术难度也大，从资本投入与生产效益对比，只要其他品种的市场销售保持常规水平，香菇的生产规模就不会像1997年前后那样迅速扩增。

目前来看，香菇生产会向四季均衡供应、周年化生产方向发展。香菇产业将按市场要求考虑，适当安排干菇和鲜菇品种的比例、普通香菇与花菇的种植比例，鲜菇品种还要适应四季的均衡消费的需求，通过各种温型品种的组合、栽培模式的组合实现四季出菇、均衡上市。

二、受市场和劳动力资本影响，产业分工专业化逐步实现

食用菌的生产流程，在发达国家被划为几段，由数个专业工厂完成，供给下游单位使用。当前我国的香菇生产和发达国家的差距，主要区别于专业分工和集约化生产上。传统小而全的产业发展模式，根本无法体现食品安全水平及科技水平。随着《中华人民共和国食品安全法》的实施与市场准入制的要求，加上劳动力工资不断提高，庭院式生产方式已无法对接产业发展的需要，所以产业分工专业化是大势所趋。

为对接市场和食品安全问题，香菇生产模式会趋向集约化，出现诸多以"龙头"企业为主体的生产基地，菇农利益与风险责任进一步得到保障。在国家惠农政策的大背景下，各地政府通过项目支持来加大对"龙头企业"的扶持，带动产业做大。同时为确保食用菌产业的健康有序发展，地方各级政府会在强化引导、完善机制上下功夫、花力气，引导产业由被动变为主动，使生产基地由分散型向集约式、规模化发展，由粗放型向精细型数字化发展，产品加工由原料销售向精深科技型安全化发展。散而小的生产模式会在产业龙头的带领下，实现分工专业化，如：专业化

造林、专业化菌种繁育、专业化菌棒生产、专业化出菇管理、专业化加工及营销等。传统菇农会抛弃传统生产的繁琐程序，集中精力从事出菇管理，提高生产的规模效益。

香菇产业的发展，要实现分工专业化首先必须解决菌棒工业化生产的难题，否则受市场效益左右的影响，菌棒生产成本太高菇农无法接受。从现在香菇产品的消费势头和近三年来的市场增量预测分析结果来看，2015 年国内香菇的消费量一定会突破 200 万吨大关，加上出口量的增加，至少需要 20 亿菌棒支撑。这些产量将主要来自于产业化出菇基地，如果不解决菌棒工业化生产问题，由于受季节的限制，就无法满足菇农集中栽培问题。另外，出菇管理的现代化是解决规模化出菇的唯一办法，在出菇管理过程中一些高科技的现代集成技术会得到极大利用，菇农不再为保温、保湿、注水等难控环节辛苦劳作，取而代之的是设施化控制管理，甚至电脑全程控制。菇农单户栽培规模会进一步扩大，规模化栽培效益更加明显。

我们乐见的是，在完善配套产业链和产业技术服务体系的基础上，香菇产业能够逐步实现专业化分工、集约化布局、产业化经营的新格局，能够引领国内食用菌产业的可持续发展。

三、提高香菇产品质量，增强香菇产品精深加工开发

产品质量是企业的生存之道，同样，优质高产的香菇产品是香菇产业发展的根本之道。以香菇为代表的食药用菌产品是我国入世后具有国际市场竞争优势的农产品之一。在我国食用菌产品的出口总量中，香菇占据了近 30% 的份额，而我国的香菇出口国主要是日本、韩国、美国、欧盟及东南亚地区。2005 年以前，我国每年对日出口量约在干菇 1.1 万吨，鲜菇 0.6 万吨，但自从"毒饺子事件"及国内"奶粉事件"以后，日本对中国香菇开始

提高质量壁垒，国际上已有多个国家效仿，给我国香菇产品的出口带来了极大的障碍。正因为质量原因我们的香菇出口只有日本地产香菇价格的1/5。究其原因，除贸易商心理素质和品牌意识差、追求薄利、自相压价外，关键是忽视质量细节的管理，导致产品卖出低价格，丢失了质量效益。

目前，香菇产品呈现鲜品、干品和以罐头为主的初级加工品三足鼎立的格局，深加工产品品种相对比较单调。无论是出口还是内销，以卖原料为主的低层次、低收益的状况都有待于改变，开发精深加工产品是提高其附加值的最佳道路。精深加工不仅可以获得更好的经济效益，同时也拓展了食用菌市场的空间。香菇加工除了生产香菇味精、速冻食品、即食旅游休闲食品、膨化食品、调味品、保健饮料等食品以外，还要利用药物学、营养学、生物学等技术开发香菇多糖、香菇嘌呤等药品和功能保健食品，形成多元化的香菇市场，充分发挥食用菌产品的商品价值，实现更高的经济效益和社会效益。

第二章

香菇的营养价值和
药用价值

第一节　香菇的营养价值

香菇具有很高的营养价值，素有"山珍"的美称。

据科学试验测定，干香菇成分中蛋白质占 19%～20%、脂肪 4%、糖类 59%～70%、粗纤维 7%、核酸类物质 4%、无机盐 4%～9%，此外还包含维生素 C、维生素 B_1、维生素 B_2、维生素 E 和胡萝卜素等。香菇蛋白质的组成不同于一般粮食作物，其所含的蛋白质品质较好，主要成分为白蛋白、谷蛋白和醇溶蛋白，这三者的比例大约为 100∶63∶2。香菇中含有 30 多种酶和 18 种氨基酸，其中有 7 种氨基酸为人体必需氨基酸。香菇中维生素 C 含量丰富，每 100 克干香菇中维生素 C 含量在 170 毫克以上。

香菇中的矿物质含量丰富，包括磷、铁、钾、钠、钙、镁、锌、硒等矿质元素，其中钾元素含量最高，占灰分的 64%，因此，香菇是一种很好的碱性食品。

香菇还富含一般蔬菜所缺少的维生素 D 原（麦角甾醇），干香菇中维生素 D 原的含量每克高达 128 个国际单位，是大豆的 21 倍、紫菜的 8 倍、甘薯的 7 倍。维生素 D 原在阳光下可转变为维生素 D，而维生素 D 有助于钙的吸收和利用，可促进儿童骨骼和牙齿的生长。

香菇不仅营养丰富，味道也很鲜美。香菇中含有香菇精、月桂醇、鸟苷酸等芳香类物质，因而具有浓郁的香味。香菇中谷氨酸、天冬氨酸和鸟苷酸等鲜味物质含量较高，因此香菇食用时口味鲜美爽口。

第二节 香菇的药用价值

香菇不仅是一种美味的食品，而且具有较高的药用价值。现代医学证实，香菇具有增强免疫力、抗肿瘤、防治心血管疾病、预防佝偻病等多种功能，这为香菇及其衍生产品提供了广阔的应用前景。

1. 增强免疫力 香菇多糖具有重要的免疫药理作用，可改善肌体代谢能力，增强免疫力，提高肌体对多种细菌、寄生虫、病毒性感染的抵抗力，同时还有一定的抗疲劳作用。香菇嘌呤具有解毒作用，可增强人体对感冒、流感的抵抗力，有效地预防感冒的发生。香菇含有的双链核糖核酸，可诱导人体产生干扰素，能够阻碍病毒的繁殖和传播。此外，香菇还具有抗基因突变的作用，可保护 DNA 的正常结构和功能，从而发挥健身防病的功效。

2. 抗肿瘤作用 香菇抗肿瘤的主要成分是香菇多糖。香菇多糖具有活化 T 细胞、巨噬细胞及补体系统的多种生物学功能，可以增强机体的免疫力，具有一定的抗肿瘤功效。

3. 预防佝偻病 香菇含钙量较高，含维生素 D 原丰富。常食香菇能补充体内的钙和维生素 D 原（促进钙、磷吸收），可预防缺钙型佝偻病，以及因缺乏维生素 D 导致血磷和血钙代谢障碍而引发的佝偻病。

4. 防治心血管疾病 香菇嘌呤和香菇多糖均可促进胆固醇代谢而降低其在血清中的含量。另外，香菇中还含有丰富的不饱和脂肪酸，常食用香菇对高血压和心脑血管病具有良好的预防和治疗功能。

5. 健胃、保肝　中医常用香菇预防和治疗脾胃虚弱、腹胀、四肢乏力、面黄体瘦等消化系统疾病。香菇对治疗急慢性肝病如病毒性肝炎、传染性肝炎、肝硬化等有一定的疗效。香菇多糖及其培养液有护肝功效，可增强肝脏排毒能力，降低血清转氨酶水平。

6. 其他　香菇含铁量较高，并含有少量植物中不存在的维生素 B_{12}，维生素 B_{12} 与铁对人体造血功能影响较大。因此，常食香菇可补充体内的铁含量，增强人体的造血功能，可防治贫血。此外，香菇柄中含有大量的膳食纤维，膳食纤维能明显地缓解膀胱炎、膀胱结石以及肾结石等泌尿系统疾病的症状，还能吸附肠道内的有毒物质，将体内积累的毒素排出体外。

第三章

香菇菌种安全生产技术

第一节　香菇菌种的分级及其类型

一、香菇菌种及其重要性

在香菇生产中菌种主要指生产用种，即以适宜的营养培养基为载体进行纯培养的香菇菌丝体，也就是培养基质和香菇菌丝的繁殖材料。香菇菌种在香菇生产中的作用如同大田作物中的种子一样，是繁衍后代的"母体"，因此香菇菌种的好坏直接关系到食用菌种植的产量和质量，如果生产中菌种质量较差将导致生产减产甚至绝收。

二、培养基的种类和菌种的种类

（一）培养基及其种类

培养基是指人工配制的能为真菌生长发育提供所需营养的物质，按其成分、外观、物理状态、功能等可以进行不同的分类。

1. 按照培养基的成分区分

（1）天然培养基　指一类利用动、植物或微生物体，包括其提取物制成的培养基。如麦芽汁培养基等。

（2）合成培养基　指一类按微生物的营养要求精确设计后用多种化学试剂配制成的培养基。如葡萄糖铵盐培养基、淀粉硝酸盐培养基等。

（3）半合成培养基　指采用一部分天然有机物作碳源、氮源和生长因子，然后加入适量的化学药品配制而成的培养基。如马铃薯葡萄糖琼脂培养基等。

2. 按培养基的物理状态区分

（1）液体培养基　培养基由按照微生物的生长要求而配制的培养液组成。它主要用于微生物的生理、生化研究和液体菌种的大量培养。

（2）固体培养基　主要用固体材料配制而成。如木屑、棉子壳、玉米芯等配制而成，是生产上栽培食用菌最常用的培养基。

（3）半固体培养基　在液体培养基中加入少量凝固剂（如琼脂等）而呈半固体状态。可用于观察细菌的运动、鉴定菌种等方面。

3. 根据培养基的作用区分

（1）选择培养基　主要用于微生物的筛选，是根据某一微生物的特殊营养要求或对某些因素的抗性而设计的培养基。利用这种培养基可以将所需要的微生物从混杂的微生物中分离出来。

（2）鉴别培养基　一类利用显色，快速鉴别疑难菌落的培养基。它主要用于细菌的鉴别。

（3）种子与发酵培养基　在工业深层发酵中，为了得到充足、优质的种子而设计的培养基，叫种子培养基。

（二）菌种的种类

根据香菇生产栽培对所用菌种的制作工艺、分离接种途径等综合因素的不同要求，可以将菌种分为以下三类：

1. 母种　又称为一级菌种，是根据不同的培养基配方准确称取所需原料，加热溶解后加入凝固剂，塞上棉塞（或硅胶塞），经过高压灭菌、冷却，凝固成斜面，常称为空白斜面试管，然后将食用菌纯菌丝接种于其上而制成的菌种（图3-1）。主要用于菌种的分离、提纯、转管、扩繁和保存。

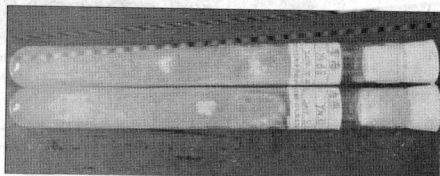

图3-1 试管母种

2. 原种 由一级菌种繁殖而成，其培养基是以天然材料为主，添加适量可溶性物质配制而成的固体培养基，是母种到栽培种的过渡菌种，又称为二级菌种（图3-2）。

图3-2 瓶装原种

3. 栽培种 其培养基跟二级菌种基本相同，是直接用于栽培的菌种，又称为三级菌种。

第二节 香菇菌种生产的设备

一、菌种生产的原材料加工、配制及装料设备

（一）原材料加工设备

1. 切片机 用于将大块木材分切成小块木片，以便进一步粉碎使用（图3-3）。

图3-3　木材切片机

2. 粉碎机　用于将木材粉碎成合适大小的木屑（图3-4）。

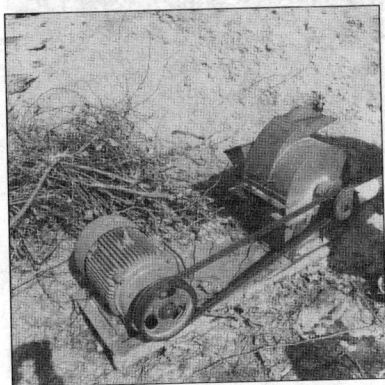

图3-4　粉碎机

3. 过筛机　用于去除木屑中掺杂的石子、沙子等杂物。

（二）装料设备

1. 原料搬运设备　铲车、叉车等，用于搬运木屑、麸皮等。

2. 搅拌机　用于将生产原材料进行搅拌混合，使原材料混合均匀（图3-5）。

3. 称量用具　电子秤、磅秤、量筒、容量瓶、移液枪等。

4. 装袋机　旋转推挤式装袋机（图3-6）、冲压式装袋机（图3-7）等。

图 3-5 搅拌机

图 3-6 旋转推挤式装袋机

图 3-7 冲压式装袋机

5. 其他工具　锅、盆、水桶、称量纸、玻璃棒、电磁炉、聚乙烯或聚丙烯塑料袋等。

二、灭菌设备

1. 高压蒸汽灭菌锅　一般用于母种及原种培养基的高压灭菌，灭菌时间短，灭菌效果彻底。

2. 常压蒸汽灭菌锅　设备简单，成本低廉，但是灭菌时间较长，一般用于栽培种及生产菌棒的灭菌。

三、接种设备及用具

图 3-8　接种室

图 3-9　接种箱

图 3-10　超净工作台（于海龙）

1. 接种室 进行菌种转接的空间，一般面积为 10 米² 左右，高为 2.2～2.5 米，是大规模生产的必需，对环境整洁度要求高（图 3-8）。

2. 接种箱 供移动接菌种用，要求封闭严密，消毒容易，操作方便，是目前香菇生产者最常使用的接种设备（图 3-9）。

3. 超净工作台 一种局部净化设备，即将外界空气进行过滤，形成无菌空气送入操作台内（图 3-10）。在工作台上操作较方便，但其价格较高。

4. 接种工具 常用的有接种针、接种铲、接种耙和镊子、打孔器等。

5. 其他用具 酒精灯、消毒脱脂药棉、标签纸、记号笔等。

四、培养设备

1. 培养箱 主要用于母种、原种的培养，温度可控（图 3-11）。

2. 菌种培养室 主要用于原种和栽培种的培养，对环境整洁度要求高，要求温度可控，有条件的可安装空调（图 3-12）。

3. 培养架 为了充分利用培养室空间而设计的，用木材或角钢制作。层架上铺有条木板或不锈钢板，可在其上摆放菌瓶或菌袋。

4. 摇床、液体发酵罐 用于液体菌种的制备（图 3-13、图 3-14）。

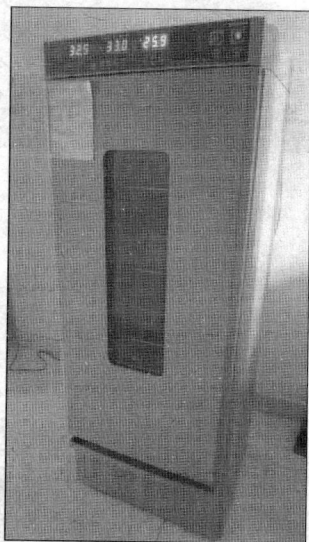

图 3-11 培养箱（于海龙）

图 3-12　培养室（于海龙）

图 3-13　摇床（于海龙）

图 3-14　液体发酵罐（于海龙）

第三节　香菇菌种培养基配方

一、香菇固体菌种培养基配方

1. 一级菌种（母种）培养基配方

（1）马铃薯葡萄糖琼脂培养基（PDA 培养基）　马铃薯（去皮）200 克，葡萄糖 20 克，琼脂 20 克，水 1 000 毫升，pH 为 6～6.5。

（2）加富培养基　酵母浸膏 2 克，蛋白胨 10 克，葡萄糖 20 克，磷酸二氢钾 1 克，硫酸镁 0.5 克，琼脂 20 克，水 1 000 毫升，pH 为 5.5～6.0。

2. 主要香菇二级种（原种）和三级种（栽培种）培养基配方

（1）木屑 78%、麸皮 20%、蔗糖 1%、石膏 1%，含水量

55%～60%。

（2）木屑 50%、草粉（五节芒、象草等）30%、麸皮 18%、石膏 1%、蔗糖 1%，含水量 55%～60%。

（3）木屑 40%、麸皮 18%、甘蔗渣 40%、石膏 2%，含水量 55%～60%。

二、香菇常用液体培养基配方

1. 玉米粉培养基配方　玉米粉 20 克，蔗糖 20 克，酵母粉 5 克，磷酸二氢钾 1 克，蛋白胨 2 克，水 1 000 毫升，pH 自然。

2. 黄豆饼粉培养基配方　黄豆饼粉 20 克，蔗糖 20 克，酵母粉 5 克，磷酸二氢钾 1 克，蛋白胨 2 克，水 1 000 毫升，pH 自然。

3. 马铃薯蔗糖培养基配方　马铃薯（去皮）200 克，蔗糖 20 克，蛋白胨 2 克，酵母粉 5 克，磷酸二氢钾 1 克，硫酸镁 0.6 克，水 1 000 毫升，pH 自然。

第四节　香菇菌种培养基的制作

一、香菇菌种母种培养基的制作

（一）母种培养基制作工艺流程

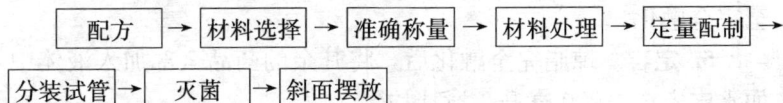

配方 → 材料选择 → 准确称量 → 材料处理 → 定量配制 →

分装试管 → 灭菌 → 斜面摆放

（二）母种培养基制作方法

以马铃薯酵母膏综合培养基为例介绍母种培养基的制作方法（图 3 - 15）。

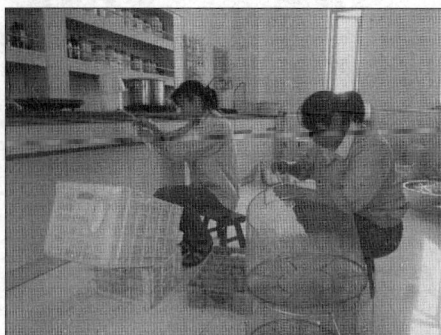

图 3-15　培养基制作过程（于海龙）

1. 材料选择　原料要求新鲜、无霉变。尤其马铃薯，如果存放时间过长或者病虫害等原因导致长芽或者霉变，不宜使用。

2. 准确称量　香菇菌丝生长要求适宜的养分浓度，并非养分越多越好，也非养分越低越好，应根据选定的菌种配方严格按照要求添加各种营养物质。将马铃薯洗净去皮，称取 200 克，切成 1～2 厘米见方的小块；准确称取其余材料，酵母膏用少量温水融化。

3. 热浸提　将切好的马铃薯小块放入 1 000 毫升左右水中煮沸 30 分钟。多层湿纱布过滤、去渣、取清液。

4. 琼脂融化　将琼脂粉先用少量温水溶解，然后倒入培养基浸出液中融化（若使用琼脂条，应先将琼脂条剪成 2 厘米长的小段，用清水漂洗两次以除去杂质），煮沸琼脂时要多搅拌，直至完全融化。

5. 定容　琼脂完全融化后，将其余的药品全部加入液体中，加水定容至 1 000 毫升，搅拌均匀。

6. 分装　选用整洁、完整、无破损的玻璃试管，将定容好的培养基进行分装。常用的玻璃试管有 15 毫米×150 毫米和 20 毫米×200 毫米两种规格，分装装置可以用带漏斗和铁环的分装器。分装时试管垂直于桌面，不要使培养基沾到试管壁上以防止污染，分装量为试管长度的 1/5～1/4，塞好棉塞或硅胶塞。若使用棉塞，应选用干净的梳棉制作，不能选择脱脂棉，棉塞长度为 3～3.5 厘米，塞入试管内 1.5～2 厘米，露在试管外面大约为 1.5 厘米，松紧适度，以手提外露面塞试管不脱落为度。分装完毕的试管以 10 支捆成一捆，用双层牛皮纸将试管口一端包好扎紧，应垂直放置。

7. 灭菌　母种培养基的灭菌一般采用高压蒸汽灭菌，121℃灭菌 15～25 分钟，具体参见本章第五节。

8. 斜面摆放　试管斜面应趁热摆放，但是温度不宜过高，若温度过高，由于温差作用试管内会产生过多的冷凝水，但温度过低，则会导致培养基凝固。一般情况下，温度高的季节开锅后自然降温 30 分钟可以摆放，温度低的季节开锅后 20 分钟就要摆放。斜面的长度以斜面顶端距离棉塞 4～5 厘米为标准，斜面摆放好之后至培养基凝固之前不宜移动（图 3 - 16）。

图 3 - 16　斜面摆放（于海龙）

9. 灭菌效果检验　从制成的试管斜面中随机挑取几只放入 28℃ 的恒温培养箱内培养 48 小时，检验其灭菌效果。若培养基上无微生物菌落产生，表明灭菌成功，可以使用。

10. 保存　做好的试管斜面如果不立即使用，应收集在试管框内，在清洁干燥处避光收藏，不宜在阳光下直射摆放。

二、香菇菌种原种培养基的制作

(一)原种培养基制作工艺流程

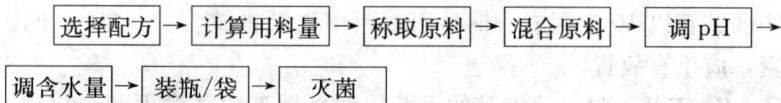

选择配方 → 计算用料量 → 称取原料 → 混合原料 → 调 pH →

调含水量 → 装瓶/袋 → 灭菌

(二)原种培养基制作方法

1. 原料选择 原种培养基的主要原料为农副产品加工下脚料,其中富含纤维素和木质素的材料一般都可用于菌种制作,但从取材方便以及使用效果等方面综合考虑一般选用木屑和棉子壳。

(1)木屑 除了针叶树如松、衫、柏和某些具有特殊芳香物质的阔叶树种的木屑之外,绝大部分阔叶树的木屑均可使用。有些针叶树种的木屑经过蒸馏或者长期堆积发酵之后,也可以和其他木屑混合使用。

(2)棉子壳 木屑由于持水力较低,在空气湿度较低时易干燥,影响接种后菌种的成活率,因而近年来,有的食用菌生产者使用棉子壳,棉子壳由于具有持水性好、容氧量高以及接种成活率高等特点常被用来制作二级菌种。

(3)麸皮或米糠 麸皮和米糠不仅能为香菇菌丝生长提供良好的氮源,同时又可提供碳源,另外,米糠内含还有大量的生长因子(维生素 B_1 等)。在香菇菌种生产中,米糠和麸皮的用量应该随着气候的变化而增减,在梅雨季节由于空气中的湿度大,为了降低菌种的污染率应当适量减少米糠和麸皮的使用;冬天气候较干燥时,可以适当增加米糠和麸皮的用量。同时应根据米糠和麸皮的用量调节培养基的含水量。

(4)石膏或碳酸钙 石膏为强碱弱酸盐,其化学成分为

$CaSO_4 \cdot 7H_2O$，属于生理酸性物质。碳酸钙则属于中性物质，但目前国内各地对这两种物质的区分并不严格。添加石膏或者碳酸钙除了提供矿质元素——钙以外，更重要的是对培养基的理化性质进行改良，如固定单宁，调 pH，增加基质硬度等。在使用过程中两种物质越细越好，这样容易溶于水中，但应该注意，使用碳酸钙时应选择轻质碳酸钙而不能使用重质碳酸钙。

（5）蔗糖　白糖或者红糖都可以用来制作香菇培养基，白糖是较纯正的蔗糖，而红糖则含有较多的矿质元素和葡萄糖，相比白糖较为经济实惠，并且红糖的营养价值高于白糖。红糖的葡萄糖含量比白糖高 10～20 倍，其矿质元素含量也明显高于白糖，因此能为香菇菌丝生长发育提供良好的微量元素。以往香菇生产使用的培养基中常添加 1% 的蔗糖，但目前很多香菇产区已不再添加。

2. 拌料　选择没有发霉、生虫的阔叶木木屑以及新鲜的麸皮、米糠等辅料。阔叶木木屑首先应该过筛，筛去其中的杂物以及尖锐的小木屑。按照原种配方称取各种原料后，首先将木屑与米糠或者麸皮等混合均匀，然后将称量的石膏、糖放入少量水中溶解后加入到混好的培养料中，继续混合均匀。

加水调节培养料的含水量，并不断测定培养料含水量的变化。粗放的含水量测定方法是用手紧握培养料，以手指缝中有水渗出但不滴落为宜；若没有水则说明培养料含水量过低，有水珠连续滴下则说明培养料含水量过高。此法适用于干料配制，假如木屑原料含水量已经较高，则不适用。

生产原种的培养料的含水量也不是固定不变的，应根据不同生产菌种、不同地区和不同气候进行调节。如高温高湿的季节，培养料的含水量要适当降低。南方潮湿地区培养料的含水量要比北方干燥地区适当偏低一些。

3. 装料容器及装料方法

（1）菌种瓶　菌种瓶是食用菌菌种生产用的专用容器。菌种瓶一般为 650～750 毫升，耐 126℃高温的无色或者近无色玻璃菌种瓶（图 3 - 17），或者 850 毫升耐 126℃高温的白色半透明符合 GB 9688 卫生规定的塑料菌种瓶（图 3 - 18），其特点是瓶口大小适宜，利于通气又不易污染。菌种瓶用无色玻璃或者白色半透明塑料制成，这样便于观察菌丝的生长走势，及时发现杂菌污染。

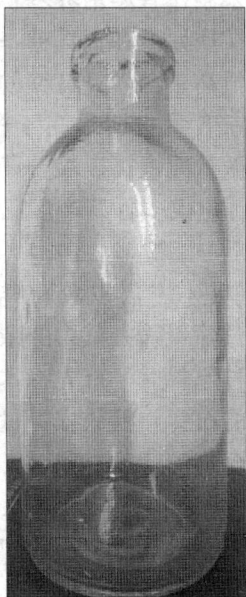

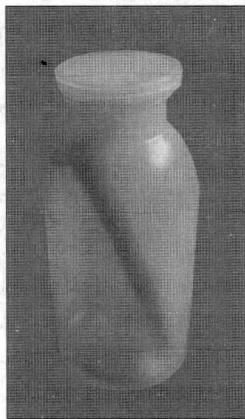

图 3 - 17 玻璃菌种瓶（于海龙） 图 3 - 18 塑料菌种瓶（于海龙）

（2）菌种袋 由于菌种瓶的成本较贵以及装料速度慢等不足，目前很多地区使用菌种袋代替菌种瓶来制作菌种。对塑料菌种袋的要求是：使用 15 厘米×28 厘米×0.05 毫米，耐 126℃高温的聚丙烯塑料袋。使用塑料袋的优点是生产成本低，袋口大，装料容易；缺点是塑料袋容易扎破，导致染菌。因此，使用塑料袋生产菌种时要注意检查，并且在装料、搬运和摆放时要格外小心。

（3）装料方法 培养料装瓶时要边装料边振荡，做到"上紧下松"，以利于菌丝生长。具体做法为：左手五指在瓶口形成喇叭口，另一手上料，补足料，最后将料面压平、压实。装料量为培养料上表面距离瓶口 50 毫升±5 毫升为宜，最后在培养料表面中央位置用打孔棒自上而下打一均匀圆孔，以利于接种以及通氧，促进菌丝生长。菌种袋可手工装料，也可用装袋机装料。

（4）洗涤 由于装料过程中不可避免会在瓶口以及外壁沾上培养料，所以应在装料完毕后马上对栽培瓶进行洗涤。否则一旦风干，就难以洗涤，后期易造成染菌。常用的洗涤方法为：将菌种瓶竖放入水桶内，将瓶外壁以及瓶口处的培养料清洗干净，再把瓶子倒转将整个瓶子插入水中，随后提起，将菌种瓶微微倾斜，让少量水进入瓶子内壁，直至接近瓶内培养料料面，旋转栽培瓶，利用瓶内水旋转的冲力将瓶肩内壁上的料冲掉。洗净后将菌种瓶竖起自然晾干，也可用干抹布将瓶口擦干。最后塞上瓶塞，预备灭菌。

4. 灭菌 香菇原种采用高压灭菌和常压灭菌都可以，一般采用高压灭菌，灭菌更彻底。具体高压灭菌和常压灭菌的操作参照本章第五节。

三、栽培种培养基的制作

栽培种又称为三级种，直接用于生产上，是由原种接种后扩繁而成的菌丝纯培养物，通常盛放在玻璃菌种瓶、塑料菌种瓶或者塑料袋中，栽培种只能用于栽培，不可以再次扩大繁殖。木屑三级菌种的制作方法与木屑二级菌种的制作方法基本相同。栽培种也可使用菌种瓶，但是由于菌种瓶较重，易破损，各地目前大多采用厚度 0.05 毫米以上，耐 126℃高温的聚丙烯塑料袋为容器，以利于彻底灭菌。香菇栽培种可采用常压灭菌方式，具体参照本章第五节。

第五节 香菇菌种灭菌与消毒

一、灭菌

灭菌是指用物理或化学的方法杀灭全部微生物,包括致病和非致病微生物以及芽孢,使之达到无菌保障水平。经过灭菌处理后,未被污染的物品,称无菌物品。经过灭菌处理后,未被污染的区域,称为无菌区域。香菇菌种制作过程中常用的灭菌方式有高压灭菌和常压灭菌,高压灭菌主要用于母种和原种培养基的制作;常压灭菌主要用于栽培种的制作。

(一)高压灭菌

1. 高压灭菌的原理 高压蒸汽灭菌是将待灭菌的物品放在一个密闭的加压灭菌锅内,设置相应的温度和时间,打开灭菌锅的排气阀,通过加热,使灭菌锅隔套间的水沸腾而产生蒸汽,待水蒸气急剧地将锅内的冷空气从排气阀中驱尽,关闭排气阀,继续加热,此时由于蒸汽不能溢出,增加了灭菌器内的压力,从而使沸点增高,得到高于100℃的温度。高温导致菌体蛋白质凝固变性,丧失活力而达到灭菌的目的。饱和蒸汽在较短时间内能有效杀死细菌芽孢。饱和蒸汽的压力越大,温度越高,灭菌时间则可以相应缩短。

2. 高压灭菌锅的类型 高压灭菌锅常用的有手提式小型高压灭菌器(图3-19)、立式高压灭菌器(图3-20)和卧式高压灭菌器(图3-21)等几种类型。其中卧式高压灭菌器中,容量较小的是直热式,即自带蒸汽发生器,直接加热产生蒸汽灭菌;容量较大的压力容器蒸汽多是外源性的,即自身无蒸汽发生器,而是从外部通入蒸汽,需要蒸汽锅炉为其供气(图3-22)。不同规格和型号的高压灭菌器使用方法不同,使用前要详细阅读使用说明书。

图 3 - 19　手提式高压灭菌锅　　图 3 - 20　立式高压灭菌锅（于海龙）

图 3 - 21　卧式高压灭菌锅　　图 3 - 22　大型卧式高压灭菌锅（于海龙）

3. 影响高压灭菌效果的主要因素

（1）培养基成分对灭菌效果的影响　培养基成分对灭菌效果

有较大影响，由于高浓度的有机物包于颗粒周围形成一层薄膜，这将影响到热的传递。培养基中含有油脂和糖类等营养成分时会增加微生物的耐热性，当需要灭这一类型的培养基时应该增加培养基的灭菌压力和灭菌时间，但同时也要注意：高压灭菌的压力、温度以及时间对灭菌效果和培养基营养成分的破坏都有显著影响，因此应根据培养基的营养成分和灭菌效果来选择合适的高压灭菌的压力、温度以及时间，做到既要灭菌彻底，又要尽量减少培养基营养成分的损失。高温下微生物的死亡速度要比对培养基营养的破坏来得快，因此可以考虑提高灭菌温度和灭菌压力相应缩短灭菌时间的办法来减少高压灭菌对培养基营养的破坏，在实际工作中应该在能保证灭菌彻底的情况下尽量缩短灭菌时间以最大限度地减轻对培养基营养成分的破坏。

（2）pH 对灭菌效果的影响　pH 对微生物的耐热性影响很大，当 pH 在 6～8 时微生物具有较强的耐热性，在此 pH 区间微生物不宜被杀死。一般情况下香菇菌种培养料的 pH 调到5.5～6.5 为宜。

（3）培养料的孔隙度对灭菌效果的影响　培养料的孔隙度对灭菌效果也有较大影响，一般培养料的孔隙度越大，灭菌所需要的时间越长，如果培养料中使用稻草等秸秆，由于其节间有较大的空气囊，会影响到高压灭菌湿热空气的传递，因此当使用此类原料时要对秸秆进行粉碎，或者添加木屑等用以填充空隙的物质，来减少培养料的孔隙度。

（4）"假压"对高压灭菌效果的影响　假压现象是因为高压灭菌初期没能将高压锅锅体内滞留的冷空气完全排空引起的，因此，在高压灭菌初期应尽可能将高压锅内的混合气体（锅内的冷空气与蒸汽的混合物）彻底排尽，不可为了节约能源，存在侥幸心理。高压灭菌要彻底，关键是要排尽锅内和栽培袋内的冷空气。采用锅炉供气的大型高压灭菌锅，要尽量缩短供气管道的长度，以减少管道内冷凝水和热损失。

（二）常压灭菌

1. 常压灭菌的原理　常压灭菌是将灭菌物放入灭菌容器内长时间蒸煮，待灭菌锅内物体内外温度达到100℃后，将时间维持12～16小时，以达到灭菌的目的。常压灭菌是目前香菇生产者最常用的灭菌方式，该方法投资成本小，灭菌数量大，特别适合大规模熟料栽培袋的灭菌。常压灭菌锅的设计是否合理将直接影响到灭菌能否彻底、燃料费用高低等。

2. 常压灭菌器的主要类型　常压灭菌器虽然形式多样，但都是由灭菌锅和蒸汽发生系统两部分组成。目前最常见的两种常压灭菌器是薄膜覆盖式灭菌器和大型常压灭菌锅。

（1）薄膜覆盖式常压灭菌器　该种形式的常压灭菌器主要由蒸汽发生炉、灭菌池、周转筐等部分组成（图3-23）。

图3-23　薄膜覆盖式常压灭菌锅

蒸汽发生炉一般由预热桶、蒸汽发生桶、热水池组成。可以使用废弃的汽油桶焊接而成。其工作原理是：蒸汽发生炉的预热桶跟敞开的热水池相连通，桶内的预热水通过连通管进入热水蓄水池，热水蓄水池底部与蒸汽发生桶底部相连通，加热后产生的蒸汽由蒸汽发生桶上端进入灭菌池。

灭菌池一般为砖砌池，高度为 20 厘米左右，池内在适当的位置预置三层砖块垫脚，以摆放周转筐。一般周转筐摆放 4～5 层，灭菌池的长度视蒸汽发生炉能够供给的热量而定。在砌灭菌池时，应该预留出送蒸汽的接头、冷凝水出口、温度表插孔、排气阀、扎绳钩等，并且最好设计一层保温层，以减少热量损失。

周转筐的功能主要是用于盛放菌种瓶或者菌种袋，可以大幅度提高劳动者的劳动效率。

将菌种瓶或者菌种袋盛放在周转筐内并将周转筐置于灭菌池的垫砖上，层叠 4～5 层，用低压聚乙烯薄膜覆盖，外层再覆盖旧棉被，四周用沙袋将薄膜压在灭菌池沿上，最后用绳子交叉扎牢，并打开四周的放气阀门，插上温度表以随时观测灭菌池内的温度变化。在开始送气后立即将所有的排气阀打开，直到温度达到 90℃，再关小排气阀门，整个灭菌过程要始终保持有空气溢出，这样才能保证整个灭菌过程灭菌池内的蒸汽都是"活蒸汽"；一般灭菌 6～7 小时后灭菌池内的空气温度才能达到 100℃，维持 12～16 小时，再关小排气阀，闷 6 小时，温度降到 60℃后才能将灭菌池内的周转筐拿出。

（2）大型常压灭菌锅　随着香菇生产规模的不断增大，小型常压灭菌方式已经不能满足每天数万袋生产规模的灭菌，因此有的生产者开始使用大型常压灭菌锅（图 3-24），这种大型常压灭菌锅主要由锅炉、送气管道、锅体等组成，其外形设计与高压灭菌锅相似。

大型常压灭菌锅的优点是：升温迅速，能减少灭菌的升温时间，灭菌过程产生的冷凝水较多，有利于常压锅内产生活蒸汽，灭菌彻底；缺点是：一次投资比较大，灭菌时间比高压灭菌长很多。

（3）影响常压灭菌效果的因素

①培养料能否预湿完全。培养料预湿效果对灭菌效果有极大

图 3-24 大型常压灭菌锅（于海龙）

影响。如果培养料预湿不完全，里面有呈干燥状态的成分，则会影响湿热空气的传递，容易导致灭菌不彻底。

②灭菌锅内栽培袋的间隙。栽培袋由于是由聚丙烯或聚乙烯塑料制成，在受到挤压时容易改变形状，因此在灭菌锅内如果堆积过多的栽培袋容易造成栽培袋之间的间隙过小，导致湿热空气难以穿透，受热不均匀，影响到灭菌效果。因此，在不使用灭菌筐的情况下应注意控制菌种袋的数目。

③灭菌锅的容积要适宜。如果灭菌锅锅体容积过大，锅内摆放的菌种袋的数目也会相应增加，从而灭菌物的总吸热量也相应增加，这样必然导致灭菌锅内温度上升缓慢，袋内微生物会在锅体升温过程中快速大量繁殖，影响最终的灭菌效果。灭菌操作的初期宜用旺火猛攻，尽可能在短时间内（6小时内）使锅体下半部分的温度达到100℃。

④灭菌过程要始终保持锅内有"活蒸汽"，避免灭菌锅内存在死角。由于在锅体加热的过程中蒸汽从锅底部上升或者经输气管道输入后上升，锅体的顶部先热，逐渐向下进行热传递，与此同时，会逐渐出现冷凝水。为了保证灭菌过程有活蒸汽，在建造常压灭菌锅时在锅体的下部应人为地开设适宜大小的排气孔，这

样可以保证锅体内活蒸汽的流动，以免造成死角。

⑤灭菌锅内温度维持在 100℃ 的时间是灭菌彻底的关键。应根据灭菌锅内培养料的多少以及灭菌锅的大小来确定温度维持在 100℃ 的时间，这是常压灭菌能否成功的关键。一般时间要维持在 12～16 小时，菌袋数目大时，应适当增加灭菌时间。

二、消毒

消毒是指杀死病原微生物，但不一定能杀死细菌芽孢的方法。应根据不同的环境选择合适的消毒方法，尽量减少对人体以及器具的损害。通常用化学的方法来达到消毒的作用。用于消毒的化学药物叫做消毒剂。消毒一般是针对栽培菇房、栽培舍、接种室、冷却室、接种箱的环境卫生进行的，以减少环境中有害微生物的数量。另外，在食用菌生料栽培中所加的石灰等物质也起到消毒的作用。

（一）消毒剂的种类

1. 乙醇 乙醇是香菇接种时最常用的表面消毒剂之一，俗称酒精。目前常见的酒精浓度有 75%、95% 和无水酒精三种。其中 75% 酒精的杀菌能力最强，因此在接种时常用其他浓度的酒精勾兑成 75% 的酒精进行表面消毒。

2. 气雾消毒剂 气雾消毒剂属于烟熏杀毒剂，主要是以烟熏供热剂为载体，袋装粉剂。气雾消毒剂点燃后不产生明火但会产生具有强扩散性和强渗透力的烟雾，具有广谱高效和杀菌迅速的特点，且对人体无害，刺激性弱。

3. 高锰酸钾 高锰酸钾属于强氧化型杀菌剂，深紫色晶体，易溶于水。常用 0.1%～0.2% 的高锰酸钾溶液对床架、器皿、用具进行消毒；2%～5% 溶液能在 24 小时杀死芽孢。

4. 新洁尔灭 属于阳离子型表面活性杀菌剂，化学名称为溴化二甲基十二烷基苄基铵，呈淡黄色胶体状，具有芳香气味，易溶于水。溶液澄清，呈碱性反应，摇振时能产生大量的气泡，具有表面活性作用，耐热、耐光、稳定。对无芽孢病菌、霉菌等有较强的杀菌作用。具有快速、高效、彻底的消毒特点。新洁尔灭原溶液浓度为 5%，常稀释成浓度为 0.25% 对手和器具进行表面消毒，但应现配现用。

5. 福尔马林 福尔马林是 35%～40% 的甲醛水溶液，无色透明，具有强烈的刺激性，能使人产生流泪感，属于还原性杀菌剂，福尔马林与菌体的氨基酸结合可导致菌体蛋白变性。使用 0.1%～0.25% 的福尔马林溶液能在 6～12 小时内杀灭细菌芽孢及病毒。福尔马林消毒的主要方式有熏蒸、喷雾等方法。

6. 漂白粉 漂白粉的主要成分为次氯酸钙，属于氧化性消毒剂，呈白色粉末状。次氯酸钙氧化后产生氯和初生态氧，氧和氯侵入细胞内联合作用导致菌体蛋白发生氧化而失活。常用 2%～5% 的次氯酸钙溶液对墙体、地面、层架和器皿表面进行消毒，也可用于空间喷雾消毒。

7. 石灰 石灰分为生石灰和熟石灰，生石灰的主要成分为 CaO，系白色块状固体。熟石灰的主要成分为 $Ca(OH)_2$，生石灰溶于水即形成熟石灰，常用生石灰覆盖污染的霉菌进行杀菌。

（二）常用空间消毒方法

1. 物理消毒方法

（1）紫外消毒法 紫外消毒法是最常见的空间消毒方法，可用于接种箱、冷却室、接种室等的空间消毒。紫外线消毒就是通过紫外线的照射，破坏及改变微生物的 DNA（脱氧核糖核酸）结构，使细菌当即死亡或不能繁殖后代，达到杀菌的目的。紫外线消毒属于纯物理消毒方法，具有简单便捷、广谱高效、无二次污染、便于管理和实现自动化等优点。紫外线消毒时要注意不能直接照射到人的皮肤，尤其是人的眼睛，紫外线杀菌灯点亮时不要直视灯管，由于短波紫外线不透过普通玻璃，戴眼镜可避免眼睛受伤害。

（2）臭氧发生器消毒

臭氧发生器消毒是近年来刚出现的物理消毒方法，主要用于接种箱或者接种室等地方消毒（图3-25）。臭氧可通过高压放电、电晕放电、电化学、光化学、原子辐射等方法得到，原理是利用高压电离或化学反应使空气中的部分氧气分解聚合为臭氧，是氧的同素异形转变过程。

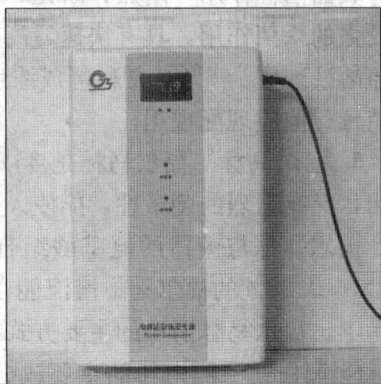

图3-25　臭氧发生器（于海龙）

（3）空气净化法　可用于接种室、冷却室等对环境要求高的区域，使用空气净化只需在密闭室内安装多台空气净化机，在工作之前2小时开机，使室内空气不断循环净化，目前许多工厂化企业已经开始采用中效过滤以及高效过滤系统。

2. 化学消毒法

（1）化学药剂喷雾消毒法　喷雾消毒为传统的消毒方法，将接种工具及菌种瓶等放入接种箱后即可进行喷雾消毒。其原理是用消毒药液对接种空间或栽培菇舍的空间进行喷雾，使雾粒将漂浮的尘埃包容，在重力作用下尘埃下降，从而达到初步净化空间的目的，同时还可提高空间的相对湿度，增强后续的物理或化学消毒的效果。空间喷雾消毒的雾粒越细越好，这样可以使药剂在空间的滞留时间加长，分布密度更高、更均匀，从而提高消毒效果。

（2）化学药剂熏蒸消毒法

①福尔马林-高锰酸钾氧化熏蒸法。按照每立方米10毫升的药量，将福尔马林（35%～40%甲醛）倒入碗中，加入7克高锰

酸钾，立即进行氧化还原反应，释放刺激性甲醛，进行熏蒸消毒，消毒 12 小时后再使用接种室，使用前先放置一杯氨水，让挥发出的氨水与福尔马林气体进行化学反应以降低福尔马林对人体嗅觉系统的刺激。

②气雾消毒盒焚烧熏蒸法。将气雾消毒盒置于小碗内，点燃，随即气雾消毒盒冒烟，熏蒸时间要保证在 30 分钟以上。如果使用之前预先用药剂给环境喷雾增湿，消毒效果会更佳。

第六节　香菇菌种扩繁和培养

经过分离、提纯、出菇试验确定可以作为生产用种的香菇菌种要用于大规模的生产栽培，由于其量较少，所以应首先进行菌种的扩繁，以达到一定的数量方可用于生产。通常香菇菌种按照三级扩大培养方法进行繁殖：一级种（母种）扩繁、二级种（原种）扩繁和三级种（栽培种）扩繁。

一、香菇一级菌种的扩繁与培养

（一）操作程序

1. 准备工作　将斜面试管、酒精灯、打火机、接种针、酒精棉、酒精喷壶放在超净工作台或者无菌箱内，开紫外灯半小时进行空间紫外消毒或者使用气雾消毒剂提前进行消毒。

2. 消毒　将香菇一级菌种放入超净工作台，打开超净工作台的工作灯以及送风按钮，使用 75% 的酒精棉球擦净双手，伸入接种箱内。使用酒精喷壶向桌面喷少量酒精，使用酒精棉擦拭超净工作台面，点燃酒精灯。使用酒精棉球擦拭香菇一级种试管表面，擦拭接种工具。右手持接种针在酒精灯外焰烧烤，直至将接种针前端烧红，并将接种棒在火焰上过火几次，起到消毒杀菌的效果。

3. 接种 用左手手指和手掌托持住两支试管，食指与中指夹持一级原始种，无名指与小指夹持空白斜面培养基试管。用右手无名指和小指夹持原始种棉塞，小指和鱼际夹持空白斜面培养基试管棉塞，火焰封口两只试管口。将接种针靠在试管内壁冷却，然后选取培养基长势较好的菌丝挑取3～5毫米×3～5毫米大小的基内菌丝琼脂块，迅速移接到待接种的空白斜面中央。棉塞燎烤至微焦，塞

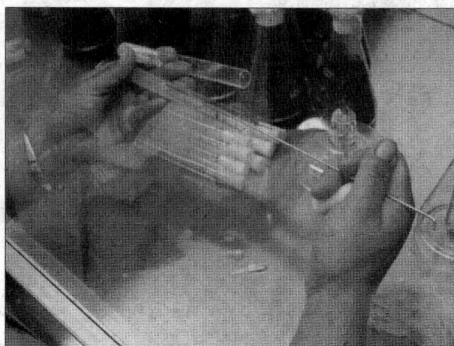

图 3-26 一级菌种转接（于海龙）

回已接种的试管口上。左手将接种好的试管放下，重新取一只新的空白试管，重复上述操作，直至一级菌种用完为止，一般一支一级种可以扩繁30～40支试管（图3-26）。

（二）操作注意事项

1. 无菌环境 接种操作应在酒精灯火焰形成的无菌范围内进行，所以酒精灯火焰高度要合适，如果酒精灯火焰过低，火焰周围的无菌范围相对会缩小，不利于无菌操作，也容易造成接种针灼烧不彻底，影响接种成功率。影响酒精灯火焰大小的因素主要有以下几方面：一是酒精灯灯芯太小，或者灯芯太实，塞得太紧，活力不旺；二是酒精浓度过低，最好使用95%的工业酒精作为燃料。

2. 试管表面和管口灭菌 母种试管由于在培养室或者恒温培养箱内保存，因此并不能保证完全无菌。在母种试管使用前应在超净工作台内使用75%的酒精擦拭，拔下棉塞后将试管口在酒精灯火焰上转动2～3圈以杀死试管口存在的微生物，减少污染。

3. 接种针的灭菌和冷却　接种针是直接接触到菌种的工具，其灭菌是否彻底直接关系到接种成功与否，因此使用前应该在酒精灯火焰上反复灼烧 3～4 次，进行火焰灭菌，待接种针冷却后才能使用，否则温度过高会烫死菌种。冷却一般在无菌的待接试管上部空间进行。

4. 棉塞的取放　棉塞在接种时要夹在手上，不可放在工作台上，棉塞一旦掉在台面上，要在火焰上过火 2～3 次再塞上，如果掉到地上绝不可继续使用。

（三）一级种的培养和检查

将扩繁好的香菇一级菌种放入恒温培养箱进行培养。培养环境要求避光，温度最好比菌丝的最适生长温度低 1～2℃，培养箱的环境要求干燥，空气相对湿度应低于 75%，以减少菌丝的污染概率。一级种培养过程中每天都要进行污染检查，发现污染的一级菌种应及时处理。

试管菌种的检查主要包括四个方面：一是有无污染；二是菌丝色泽和生长情况，菌落形态、菌丝生长速度、菌落边缘、菌丝分泌物等；三是菌种斜面背面观，包括培养基是否干缩、颜色是否均匀、有无暗斑和明显色素；四是气味，有无异味，是否有香菇菌种特有的香味等。

（四）香菇一级菌种特征

1. 一级种优良特征

（1）菌丝生长整齐　同一香菇菌株经过扩繁后不论扩繁量有多大，在主要营养条件和培养条件相同时，试管跟试管间菌丝的生长速度、色泽、菌落厚薄等应没有明显差异。

（2）菌丝生长速度正常　同一香菇菌株在主要营养条件和培养条件相同时，无论保藏多久，菌丝原有的生长速度应保持不变。

（3）菌落形态特征　不同品种的香菇菌种在一定的营养条件和培养条件下均保持其各自的形态特征，如色泽、菌落形态、菌落颜色等。

（4）菌落边缘　菌落生长边缘外观应该饱满、整齐、长势旺盛。

2. 菌种退化在母种阶段的表现

（1）菌落形态不正常　如本来菌落平整的品种表现为菌落紧凑，气生菌丝变多或变少甚至消失；菌丝色泽变化，退化的菌种常呈微黄色、浅褐色或者其他颜色。

（2）菌丝倒伏，菌丝生长势弱，出现色素。

（3）生长速度变快或者变弱，菌株间生长速度不一致。

3. 香菇母种的主要特征　菌丝洁白、均匀、絮状、有气生菌丝但较少而且短，比较稀疏，菌丝满管后有一定的爬壁能力，菌丝老后形成有韧性的菌皮，镜检有锁状联合。香菇菌丝在 PDA 培养基上于（24±1）℃条件下培养 10～14 天即可长满斜面。

（五）香菇一级种（母种）贮藏

菌丝长满试管后若较长时间没有使用，应根据其种性特征要求，在适宜的温度下贮藏，香菇一般选择 4～6℃保藏，时间不超过 90 天。

二、香菇二级菌种的扩繁与培养

1. 操作程序　将灭好菌的二级种培养瓶及接种工具放入超净工作台内，开紫外灯进行紫外消毒，或者使用接种箱进行气雾熏蒸消毒，方法同一级菌种扩繁。按照无菌操作要求，在接种箱或者超净工作台上将接种针进行灼烧灭菌、冷却，将香菇一级菌种培养基划成 1 厘米^2 大小，勾取菌种块抖落到二级菌种瓶内，塞上棉塞。每支香菇一级菌种可以转接 8～10 瓶二级菌种。

2. 操作要点 菌种瓶棉塞拔出后不能碰到其余器具，同时应注意使菌种瓶瓶口朝向火焰，始终使其处于无菌环境，若接种块散落到桌面应弃之不用。接种针应在每接完一支一级种后进行火焰消毒，以防止污染。

3. 培养和检查 香菇二级种的培养一般在培养室内进行，食用菌培养室的环境因素主要包括：温度、湿度、光照、氧气等，各个环境因子会相互影响。香菇菌种应根据不同的菌种类型以及菌株特性进行环境控制，以创造最适宜的生长环境保证菌种良好生长（图 3-27）。

图 3-27 原种、栽培种培养

（1）温度控制 二级菌种以及三级菌种培养室最初 7～9 天可以设定为菌丝生长的最适温度，当菌丝发菌达到 1/3 时料温会比培养房空间温度高 2～3℃，此时应调整菌种瓶或菌种袋的摆放密度来降低培养室温度。

（2）湿度控制 培养室内湿度一般采用自然湿度，不需要安装加湿器。在雨季可通过培养房内的电炉加热驱湿，或者进行通风驱湿，以防止棉塞受潮污染。冬季如果气温过低导致培养房湿度过低，可以向地面洒少量水来增湿。

（3）通风　培养室墙壁上对角处应开小窗通风，特别是发菌后期，菌丝呼吸强度大，更应定时通风换气，但是通风的同时应注意保温保湿。

（4）光　香菇菌丝发菌阶段不需要光照刺激，相反，光线对这一阶段的菌丝生长会有抑制作用，因此应尽可能避光培养。在挑杂菌时可以使用红色光源来代替白炽灯。

（5）定期检查　二级种同一级种一样，在培养期间应该进行定期检查，及时发现和处理污染菌种。二级种一般在接种后4～7天进行第一次检查，在菌丝封面以前进行第二次检查，菌丝长至瓶肩下至瓶的1/2处进行第三次检查，当菌丝长满至接近满瓶时进行第四次检查。

4. 香菇二级种的优良特征

（1）食用菌原种的优良特征

①菌丝生长整齐。同一品种食用菌菌种，在使用相同培养基及相同培养条件下，菌丝的长速和长势应基本相同。

②菌丝浓密、均匀。整个菌种瓶上下不同部位的菌丝色泽鲜亮度应该一致。

③菌丝有其独特的香气。正常的原种打开菌种瓶，在瓶口可闻到浓郁的菇香味道，如果气味清淡或者无香味甚至有一股异味，说明菌种有问题，不能使用。

（2）香菇原种特性　香菇原种菌丝洁白浓密，生长均匀，无角变，无高温抑制线，有香菇菌种特有的菇香味。在常规木屑麸皮培养基上，25℃恒温培养，750毫升菌种瓶25～30天可长满。在有光和低温刺激下，常在表面或者贴壁处有菌丝聚集的瘤状物出现，这是短菌龄品种和易出菇的表现。

5. 香菇二级种（原种）贮藏　原种应尽快使用，一般10天以内贮藏可在24℃、清洁干燥、通风避光的培养室内存放，最多不超过14天；在5℃下存放，最多不超过45天。

三、香菇三级菌种的扩繁与培养

香菇三级菌种是由二级种扩繁、培养而成的。三级种只能用于生产，不可再次扩大繁殖。具体操作同二级种的扩繁相似。

1. 菌种瓶接种　接种前挑选菌种合格、菌龄适宜的原种，在接种室内用75％酒精棉球擦拭菌种瓶（袋）外壁，将灭好菌的三级种培养瓶和接种工具放入超净工作台内，开紫外灯进行紫外消毒，或者使用接种箱进行气雾熏蒸消毒，方法同一级菌种扩繁。消毒完成后，将二级种放入接种箱，接种时用长柄镊子夹紧酒精棉球，打开二级种瓶的棉花塞，将酒精棉球点燃，灼烧瓶口消毒后，灭焰封口，置于接种架上。用灼烧后的接种匙将二级种表面的培养基去除，捣碎培养基及菌丝，将接种匙插放在二级种瓶内，置于接种架上待用。左手取三级种瓶，右手小指及手掌鱼际夹住棉塞旋转打开，靠近二级种瓶口，用接种匙铲取一满勺，移入三级种瓶内，再塞紧棉塞。

2. 菌种袋接种　目前，菌种生产单位主要是使用菌种袋生产栽培种。由于塑料袋质地较软，袋口不能直立，又不能太接近酒精灯火焰，因此接种时一般采用两人合作的形式。操作在接种箱内进行，一人负责开盖、盖上盖，另一人负责挖取菌种、移接菌种。

3. 培养和检查　三级种培养方式同二级菌种一致，详见二级菌种培养。

三级种在接种后7天内应减少搬动以利于菌丝在培养料上定植，在接种后4～5天应进行第一次检查，在8～9天进行第二次检查。菌种接种后，对于塑料袋盛放的菌种在培养过程中不能经常检查菌种是否污染，往往越检查污染越高。检查过程中不能提住袋口检查，否则会使袋口内外产生气压差，强制气体交换，因而使杂菌从棉塞处乘虚而入。应用红色光源磨砂面的工作灯照射培养袋，及时将污染的菌种袋进行处理。

4. 香菇三级种贮存 三级菌种（图 3-28）应该尽快使用，在温度不超过 25℃、清洁干燥通风避光处保存，最多不超过 20天；在 5℃下存放，最多不超过 45 天。

图 3-28 香菇优质三级菌种（于海龙）

第七节 香菇菌种生产中常见问题及其原因分析

原则上，在菌种优良，培养基适宜，灭菌彻底，操作规范，培养条件适宜的条件下就能够生产出优良的菌种。但在实际生产中，总会出现以下一些问题导致菌种生长不良或者污染等问题，以至于影响生产。

一、香菇菌种生长异常

香菇菌丝生长发育不良常见的情况有菌丝不萌发、菌丝生长缓慢、生长过快但菌丝纤细无力、菌丝生长不均匀、菌丝干瘪不饱满、色泽灰暗等。造成这种现象的原因主要有以下几方面：

（1）培养室温度不适合，温度过高或过低都会造成菌丝不萌发或者萌发缓慢。

（2）培养基原料中含有抑制菌丝生长的物质，如混入松、柏、杉、樟、桉等树种的木屑，或者原料贮藏不当发生霉变，都会抑制菌丝的生长。

（3）培养料装得过紧过实，透气性不足，不能为菌丝生长提供足够的氧气。

（4）培养料含水量不当，水分含量过高或者过低都会导致发菌不良。特别是含水量过大时，培养料中氧气供应不足，将严重影响菌丝的生长。

二、香菇菌丝污染

在正常情况下，原种和栽培种的杂菌污染率应控制在 5% 以下，如果超出这个范围，则应仔细检查各个操作环节。造成污染的原因大致有以下几方面：

1. 培养料灭菌不彻底　这是最易导致污染的原因，其污染的特点是污染率高，污染出现早，污染出现的部位不规则，培养物的上中下各部分均出现杂菌污染。

2. 冷却室环境不够洁净　灭菌后的栽培袋需要冷却后才能接种，但是如果冷却室环境不够洁净，栽培袋在冷却过程中由于菌袋内部与外界的气体交换，容易使环境中的杂菌进入栽培袋的培养料中，导致污染。

3. 原始种带杂菌　用于菌种扩繁的原始种本身带有杂菌，扩繁后必然会导致后代污染。这种污染的特点是杂菌从菌种块上或者近围长出，污染杂菌种类比较一致，污染出现早，接种 1～

3 天即可观察到。

4. 不规范接种操作造成的污染 接种操作不当造成的污染，其特点是杂菌分散出现在培养基表面，较原始种带杂菌和灭菌不彻底造成的污染发生晚 2～3 天。接种操作的污染源主要来源于接种室空气和原种瓶（袋）表面附着的杂菌，另外接种人员自身洁净度不高也是引起接种操作污染的主要原因。

5. 培养室洁净度不高或者高温高湿 这种污染的特点是接种结束后开始培养时污染率不高，但是随着培养天数的增加污染率逐渐升高。这种污染大约发生在接种后 10 天以后，甚至菌丝已经封面。

第四章

国内香菇栽培技术模式

　　自 20 世纪七八十年代木屑菌砖栽培法和菌棒栽培法的发明，香菇代料栽培技术经过 30 年的发展已经在全国范围内推广应用，成为我国香菇栽培的主要模式。各主产区在引进代料栽培技术的同时，与当地气候条件、人力资源、销售市场等结合，逐渐形成了具有地域特色的栽培模式。

　　本章选取最具代表的几个香菇栽培模式，详细阐述香菇栽培管理的全过程。典型代料栽培模式包括秋季大棚栽培模式、夏季高温栽培模式、高海拔周年化栽培模式、层架花菇栽培模式、半熟料三柱联体栽培模式等。此外，由于段木香菇栽培的独特之处及其产品的优良品质，本章也对段木香菇栽培技术进行了介绍。

第一节　秋季大棚栽培模式

一、品种与季节

（一）适宜品种

　　秋季大棚栽培模式应用范围广，在浙江、福建、湖北等香菇主产区都有推广应用。该种模式可选用的品种较多，以中温型品种为主，主要有‘939’、庆科 20、Cr66、Cr62、Cr33、‘868’、申香 8 号、申香 10 号、申香 16 等。

　　1. 庆科 20　浙江省庆元县食用菌科学技术研究中心选育品

种。庆科 20 子实体单生，朵型圆整；菌盖表面颜色较淡，为淡褐色，含水量高时颜色较深，菌盖直径 2.0～7.0 厘米，菌肉组织致密，厚 0.5～1.5 厘米；菇柄直且短，长 2.8～4.0 厘米，直径 0.8－1.3 厘米；菌褶整齐、较致密，呈辐射状排列，易开膜。易形成花菇，花菇率高，适宜作高棚层架栽培花菇和低棚脱袋栽培普通菇。属中低温型中熟菌株，菌丝体生长适温为 22～27℃，出菇适宜温度 8～22℃，最适 14～18℃，9 月下旬至翌年 5 月出菇。适宜接种期 2～7 月份，最适为 3～5 月，不同接种期菌棒的出菇期、香菇产量无明显差异，但冬菇率、折干率等会随接种期提前而提高。

2. 申香 10 号　上海市农业科学院食用菌研究所选育品种。申香 10 号子实体以单生为主，菇形圆整，朵型属中偏大叶型；菌盖呈淡褐色，菌肉厚，质地坚实紧密；菌柄为短柄型；属于中温型，菌丝最适生长温度为 25℃左右，最适出菇温度为 16～20℃，最适培养菌龄 65～70 天。转潮快，潮次明显。在基地推广过程中，发现其极易成花，已作为短菌龄花菇品种被栽培，并深受菇农喜爱。

3. Cr62　福建省三明市真菌研究所选育品种。Cr62 子实体中等大小，朵型圆整，大小均匀；菌盖茶褐色或黄褐色，菌肉肥厚，菌柄短而细。出菇温度范围在 7～28℃之间。菌龄 60～80 天，适宜接种期 6～9 月，出菇期为 9 月到翌年 4 月。可适用于栽培普通菇，也是栽培花菇的理想品种。

4. 申香 8 号　上海市农业科学院食用菌研究所选育品种。申香 8 号子实体呈单生，菇形圆整，朵型属中偏大叶型；菌盖呈淡褐色；子实体质地坚实紧密；菌柄长度 4～7 厘米，属短柄型；出菇较集中，潮次明显。属于中温偏高型，最适出菇温度为 18～25℃。出口菇比例一般可以达到 20% 左右。适宜代料栽培，上海地区制种在 8 月中旬。

5. 申香 16　上海市农业科学院食用菌研究所选育品种。申香 16 子实体单生，菇形圆整，菌盖黄棕色，菌肉厚实，耐贮存；鳞片布满菌盖；菌柄细、中等长度。鲜菇口感嫩滑清香，适于鲜销。中温、中熟型菌株，适合秋季栽培。菌丝粗壮浓白，抗逆性强；菌棒转色快、深、均匀；选择最高气温稳定在 20～25℃，晴天或阴天时出田。棚内的相对湿度要求保持在 90％以上，菇蕾形成时需要 6～8℃的昼夜温差刺激。11 月上旬至翌年 4 月出菇，菇蕾均匀，子实体单生。菌丝恢复能力强，潮次明显，便于管理。

(二) 接种季节

秋季大棚栽培以秋冬季出菇为主，接种季节一般安排在 8 月中下旬至 9 月上旬，日最高气温不超过 28℃。接种时气温过高，容易导致发菌污染；气温过低，不易发菌。接种日期过于延迟，会导致菌龄不足，第一潮出现假菇。因此，秋季栽培香菇季节性很强。

二、菌棒制作

(一) 培养料配方

目前生产上代料栽培香菇的配方很多，但仍以杂木屑为主的配方最为理想。秋栽生产上应用最广泛的配方为：木屑 79％，麦麸 20％，石膏 1％，料水比为 1∶1.2～1.3，pH 自然。

代料栽培香菇的配方并非一成不变，各地配方中所选辅料可根据当地资源灵活调整，但必须要经过出菇试验，不可随意大面积使用，以免造成减产甚至不产。

(二) 装袋

1. 培养料配备　秋季袋栽香菇季节性很强，栽培所需原料必须在生产季节前准备好，木屑、塑料袋需要在生产前一个月准备好，不易保管的麦麸也应在生产前数天准备好。

按配方要求尽可能准确称取各种原辅材料。先将石膏粉或钙粉、麦麸或米糠、玉米粉、豆饼粉等不溶于水的辅料混匀，把木屑堆成山形，把混合好的辅料从堆顶均匀撒开，然后将干料搅拌2～3次，拌匀，再将硫酸镁等添加剂溶于水，倒入干料中。拌料可用机械（图4-1）或人工搅拌。

2. 装袋 拌料结束后应立即装袋，采用装袋机装料，一台简易装袋机配6～7人为一组，其中铲料1人，套袋装料1人，递袋1人，扎口3～5人（图4-2）。按装量要求装填塑料袋，填料时在保证不破袋的情况下要尽可能将料装实、装紧，料装好后马上扎口。有条件的可以使用扎袋机封扎袋口，省时、省人工，对提高效率、防止培养料酸变有较好的效果。

图4-1 拌料机　　　　　　图4-2 装　袋

（三）灭菌

菌棒制作要求流水作业，当天拌料、装袋，当天灭菌。由于成本和设备的局限，目前各地菇农都采用常压蒸汽灭菌法灭菌。灭菌操作方法同第三章第五节菌种常压灭菌方法一致。

灭菌结束后，应待灭菌灶内温度自然下降至80℃以下再打开，趁热把菌棒搬到冷却室冷却。冷却时4袋交叉排放，每堆8～10层，待料温降至28℃以下，用手摸无热感时即可接种。

（四）接种

菌棒接种方式主要有两种：一种是接种箱法，另一种是开放式接种法。

1. 接种箱法　接种箱接种见图 4-3。

（1）接种箱消毒　目前基本采用含氯气雾消毒剂灭菌，用量为每立方米（箱）4～8克。时间为 20～30 分钟。

（2）菌种预处理　先将灭菌冷却后的菌棒搬至箱内；将菌种放入消毒药液

图 4-3　接种箱接种

（0.2％的高锰酸钾、300 倍的克霉灵或 300 倍的新洁尔灭等）中浸泡数分钟后取出，用酒精棉擦净，放入接种箱。双手用清洁的水洗净，伸入接种箱内，用 70％～75％的酒精棉擦洗双手，点燃酒精灯，烧灼消毒各种接种用具，再处理菌种。袋装菌种先用沾有酒精的酒精棉擦洗菌种表面后，用小刀片在菌种上部 1/4 处环绕一圈，掰去上部 1/4 菌种及颈圈、棉花部分，剩余 3/4 菌种用于接种。

（3）接种　菌种处理好后，将菌棒接种部位用沾有酒精的酒精棉擦 1～2 遍，完毕后用打孔器在菌棒表面均匀打 3～5 个接种穴，直径1.5 厘米，深 2～2.5 厘米，用手取菌种块，分块塞入接种，菌种块略高于穴口。

2. 开放式接种法　开放

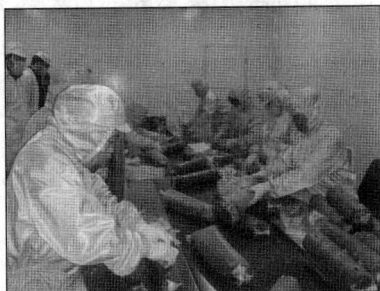

图 4-4　接种室开放式接种

式接种法是一种省工、高效，相对使人舒适、易掌握的接种方法（图4-4）。

（1）接种场所消毒　通常开放式接种的冷却场所即为接种场所，冷却室启用之前就应杀虫消毒，保证环境洁净。具体操作时先打扫接种场所内地面、四壁和屋顶，用杀虫剂、消毒剂对地面、四壁和屋顶喷洒后关闭门窗杀虫、消毒24小时，打开门窗透风，再用塑料薄膜平铺地面待用。

（2）菌棒处理　当菌棒冷却至可接种的温度时，将菌种及其他接种工具、消毒酒精棉放入接种场所，然后用气雾消毒剂4～8盒（160～200克，具体视菌棒量和体积而定）对接种室再次进行消毒，消毒时间为3～6小时。消毒结束之后先把房门打开，用塑料棚帐式接种的则可把棚门打开，让含氯气雾剂不断逸出到环境中，直到接种点的含氯气雾浓度不影响接种人员健康呼吸，即可进行接种。

（3）打孔接种　菌种预处理、接种方法同接种箱法。

三、菌棒培养

菌棒培养发菌是香菇栽培的重要环节，出菇产量、菇质与发菌管理密切相关。场地选择、刺孔、堆放方式、温度、湿度、氧气、光照都是菌棒培养的重要环节和要素。

1. 场地选择　秋季栽培的发菌场地要求阴凉通风、干燥、卫生、防暑降温效果好；要求远离猪圈、鸡场等不卫生场所。也有菇农直接将出菇用的大棚作为发菌场地，需做好清理、消毒工作。

2. 菌棒管理　因8月底9月初，气温仍然偏高，故此时菌棒培养的关键是控温，防止温度过高造成菌种坏死以及感染杂菌。刚接种后的菌棒一般采用一层四袋井字形排放（图4-5），层高一般5～10层。每行或每组之间留40～50厘米的走道，以便定期检查。温度较高时，早晚打开门窗通风，上午 9 时至下午 4 时关闭门窗，防止中午热空气的进入。发菌期间不需要光照，门窗应挂遮阳网等物遮阴，防止太阳直射。

图 4-5　井字形培养

当菌丝圈直径达 8 厘米左右时进行第一次翻堆检查，翻堆检查后把好的菌棒重新码堆，污染菌棒搬出培养室并及时清理。翻堆检查后，仍可采用一层四袋井字形堆放，也可采用一层三袋△形堆放（图 4-6）。

3. 刺孔通气管理　刺孔的数量、时间和次数要视不同品种的特性、菌棒的含水

图 4-6　△形培养

量和空气湿度、气温、堆温、一定面积场地上菌棒堆放数量以及场地的环境等条件灵活掌握和运用。也有个别产区是不需要刺孔管理的。

大部分情况下菌棒需要刺孔通气 2～3 次。第一次在菌丝圈直径 10 厘米左右，不套袋的在每个接种孔菌丝圈边内侧 2 厘米的地方刺 4 个孔左右，孔深 1 厘米；第二次刺孔时间在菌丝圈在接种孔背面相连时，在每个接种孔菌丝圈边内侧 2 厘米的地方刺 8 个孔左右，孔深 1 厘米；第三次刺孔通气在脱袋前7～10 天，这次刺孔为大通气，孔深 2 厘米，全袋孔数 40～60 个。

第一和第二次刺孔工具为长 5 厘米的铁钉等物品，每次手工用单个铁钉刺孔。第三次刺孔可采用简易刺孔器刺孔（图4-7），

也可采用机械刺孔。简易刺孔器通常是菇农自制的，在带有手柄的 2～3 厘米厚的木板上钉上一排或者两排 2 厘米长的铁钉。栽培数量多、有条件的可以采用机械刺孔器（图 4‑8），大大提高刺孔效率。

图 4‑7　简易刺孔器

图 4‑8　机械刺孔器

四、出菇管理

（一）出菇棚

出菇棚（图 4‑9）宜选择在背风向阳、光照充足、通风良好、地势平坦、环境卫生、近水源、易排水、进出菌棒便利之

图 4‑9　出菇棚

地。大棚的规格有多种：有长 25～30 米、中高 1.7 米、宽 5 米、内设 3 个畦床菇架的菇棚；有长 25～30 米、中高 2.5 米、宽 6 米、内设 4 个畦床菇架的菇棚，具体菇棚规格视菌棒数量和田块大小而定。

首先，要清除地面杂草、杂物、平整地面。场地洒多菌灵和生石灰进行消毒。在棚四周开好排水沟，宽 30 厘米、深 25 厘米，以避免棚内积水。其次，埋柱建棚，在棚顶盖上 8 米或 10 米宽的普通薄膜，最后盖上遮阳网、茅草等遮阴材料，使场内能透过少量阳光，创造一个适宜香菇生长发育的环境条件，最后是搭建菇架。在畦床上每隔 2.5～3 米设一高 30 厘米左右的横档，横档上每隔 20 厘米钉一枚铁钉，钉尾部分留在横档外面，然后用铁丝纵向拉线，经过横档时在铁钉尾上绕 1 圈，两端的铁丝绕在木桩上，敲打入地以拉紧铁丝，逐条拉好即完成。畦间预留人行通道。

（二）排场脱袋

菌棒接种后，经 60～80 天的培养，接种穴四周出现不规则小泡隆起，并出现褐色斑块，说明菌丝生理已达到成熟。此时可将菌棒从培养室搬入出菇棚内，在平均气温下降到 22℃ 以下的晴天或阴天的傍晚进行脱袋，雨天不宜脱袋。脱袋时，用锋利小刀沿着棒面纵向割破，剥掉塑料袋。

脱袋后的菌棒应斜靠在畦面上的横架上，与畦面成 60～70 度夹角，每排可放置 8～10 棒，棒距 3～4 厘米，做到边脱袋、边排棒、边盖膜。脱袋后，如遇上连续高温，应立即将四周挡风草帘取下，便于棚内通风。加厚顶棚遮阴度至八阴二阳，以防阳光直射。

（三）转色管理

菌棒在畦面薄膜罩 2～4 天内（视脱袋时气温而定），尽量不要去翻动膜罩，保持罩内相对恒温恒湿，使脱袋后菌棒有一适应过程，同时促使菌棒表层菌丝恢复。罩内温度超过 25℃，要短时间掀开薄膜降温。由于薄膜内外的温差大，在膜内壁上出现水珠属正常现象。经过 2～4 天，菌棒表面将出现短绒毛状菌丝，一旦绒毛菌丝长接近 2 厘米，就要增加掀膜次数，降温、降湿，促使绒毛菌丝倒伏，这样就在菌棒表面形成一层薄的菌膜。

若绒毛层不易倒伏或倒伏后又重新形成绒毛层，这是菇场湿度偏大，或培养基配料时氮源过于丰富所致，此时可加大通风或喷 2% 石灰水强迫其倒伏。倒伏后每天掀膜 2～3 次，每次 20～30 分钟，以增加氧的供给和光照，造成菌棒表面干湿差。一般转色要连续一周，先从白色转成粉红色，再转成红褐色。

菌棒转色的好坏，是香菇栽培的关键。菌棒是否顺利地转色，转色后菌膜的厚薄均影响到菌棒出菇的快慢和产量的高低。在菌棒转色过程中要把握以下几个因素：①温度。温度是影响转色快慢的决定因素，最佳转色温度为 19～23℃。②湿度。空气湿度是否适宜，影响到菌棒转色的质量。③光线。光线充足转色快而且深；反之，转色则慢。

（四）出菇管理

菌棒经过转色后，就必须人为拉大菇棚内昼夜温差，诱发原基的形成。从小菇蕾到采收一般需要 4 天左右时间，气温低则需要 7～8 天。秋季大棚栽培模式的产菇周期跨秋、冬、春三季，长达 4～5 个月，由于各季节的温度、湿度等差异，分为以下三个管理阶段。

1. 秋菇 秋季气候特点为秋高气爽、湿度较低，菇蕾能否顺利发育成子实体，主要取决于温差刺激、湿度调节、通风量控制和散射光诱导是否适宜。当第一潮菇采收结束后，要掀开薄膜 3～4 小时，并停止喷水 5～6 天，降低菇棚内湿度，使菌棒上菌丝恢复生长，积累养分。经过 1 周左右，当采菇处的培养料发白时，将竹片弯拱放低，加大湿度，白天盖紧薄膜，半夜掀开，人为造成温、湿差，诱导第二潮菇蕾的发生。菇蕾形成后喷水，喷水次数、喷水量要视气温而定。气温高时，早晚喷空间水，阴雨天少喷，直至第二潮菇采收。之后同样方法诱导第三潮菇。一般头两潮菇以喷水保湿为主，三潮菇之后则需浸水和喷水相结合。

2. 转潮管理 第一潮菇采收后，停止喷水，增加通风，降低菇床湿度。减少菌棒内的水分使菌棒内氧气增加，菌丝体恢复生长，养菌7天左右，菌棒采菇后留下的凹陷处发白表明培养基内菌丝得到恢复和复壮，视菌棒含水量进行补水或连续喷

图 4-10 棚内喷水

水。含水量较高的要放低覆盖的薄膜，拉大温差、湿差，刺激原基形成；若菌棒较轻（原重的 $1/2 \sim 1/3$），在养菌7天左右后，注水补充水分，使菌棒含水量达 $60\% \sim 65\%$（注水至菌棒表面有淡黄色水珠涌出为宜），再拉大温差刺激，$3 \sim 4$ 天后，就会形成第二潮菇。

3. 冬菇 入冬后，气温下降幅度大，空间相对湿度低，管理上应以提高菇棚内温度、控制湿度，保暖防寒为重点，针对不同品种采取相应的管理措施。

中高温型品种在 $10\,^\circ\!\text{C}$ 以下的低温一般不会长菇，应保持菌棒湿润使之顺利越冬，通常每天午后短暂通风、喷水。中温或中低温型品种，可根据气候情况，避开寒流，利用气温短暂回升间隙进行人为调节提高棚内温度刺激菇蕾的形成，并做好保湿通风工作。每采一潮菇后，要拉长养菌时间。应注意下霜时空间相对湿度低，早上不能喷水，否则会冻坏菇蕾，只能盖紧薄膜保湿。冬菇产量不高，一般只占总产的 $10\% \sim 15\%$，但品质好，效益

较好。

4. 春菇　春季气温时高时低，春雨绵绵，湿度较大，此时期要注意防止烂棒和烂菇。早春时连续阴雨，应拉稀顶部遮阴物，增加棚内温度，增加昼夜温差，诱导菇蕾的形成。晚春气温波动较大，要做好防高温、高湿工作。

第二节　夏季高温香菇栽培模式

　　夏季高温香菇栽培大多选择海拔 500 米以上的地域，利用土壤保温保湿性能好，热传递系数低，有隔热、抗高温作用的特性，选择土质疏松、通气良好的场地作为栽培场地，进行覆土栽培。

一、品种与季节

1. 适宜品种　夏季高温香菇栽培品种宜选择高温型短菌龄品种，目前高温品种以武香 1 号和'931'为主，出菇温度在 10～30℃，菌龄 60～75 天。高海拔地区也可以选择菇型好的中高温品种，比如申香 2 号等。

（1）武香 1 号　浙江省武义县真菌研究所选育品种。子实体单生，偶有丛生；中等大小，菌盖灰褐色，直径 5～10 厘米；菌柄白色，有绒毛，菌柄长 3～6 厘米，直径 1～1.5 厘米。菇体致密，有弹性，具硬实感，口感嫩滑清香。发菌适宜温度 24～27℃，出菇温度范围 5～30℃。菌龄 60～70 天。南方地区 3 月下旬至 4 月中下旬制袋接种，6 月中下旬开始排场转色、出菇、采收；北方地区 2 月上中旬至 3 月下旬制袋接种，5 月上中旬开始排场转色、出菇、采收。

（2）申香 2 号　上海市农业科学院食用菌研究所选育品种。子实体单生，朵型圆整；菌盖直径约 8.6 厘米，厚度约 2.1 厘米，菌柄长约 3.2 厘米，厚菇率 92％；出菇温度 18～25℃，温度范围广，适应性强。出菇不局限于接种口四周，干菇的菇形美观，商品价值高。

2. 栽培季节　夏季高温香菇栽培是为了满足夏季香菇市场的需求，因此栽培季节一般在 1～3 月份，以保证 5 月底前完成覆土。

二、菌棒制作

1. 配方　以香菇常规配方为主：木屑 78％，麦麸 20％，糖 1％，石膏 1％，含水量 55％，pH 自然。

2. 配料　人工配料前，先将木屑过筛，再将木屑和麸皮干拌两次，再将糖和石膏溶入水中搅化，搅拌均匀后加入到拌好的干料中，再湿拌两次以上，使培养料充分吸水，干湿均匀，然后堆置 30 分钟方可装袋。若是用搅拌机拌料，应将总配方根据每盘料的多少进行配方等分，然后按人工操作顺序加入材料。根据料的多少，搅拌时间 10～15 分钟，达到干湿均匀，一般原料含水量 55％，切忌过湿，因为高温菇要覆土出菇，可在土壤中吸收水分，拌料稍干对菌棒成品率的提高也有好处。

3. 装袋　夏菇栽培袋的生产一般都在 3 月前进行，此时气温有所升高，特别是中午时分，要注意避免阳光直射菌棒出现爆袋现象。可增加装袋人员，争取尽快完成装袋，以免原料酸败。装好后，压紧压实培养料，将袋口用手抖干净，按顺时针将袋口扭紧并用扎绳扎紧。进灶灭菌时，若发现菌棒有破损处，要粘贴胶布，谨防杂菌感染。

4. 灭菌　菌棒在灭菌灶内呈井字形排列。锅内菌棒横向可紧密叠堆，纵向要间隔 2～3 厘米，以利锅内热气上下循环均匀穿透袋料中心。如果锅内堆放过密，不留空隙，造成热气上下循环受阻，产生"死角"，影响灭菌效果。常压灭菌一开始火势要旺，力争在 6 小时内达到 100℃。当温度达到 100℃时，连续保持 20～24 小时，确保灭菌彻底。灭菌过程中，需加预热水，忌加冷水，这样会造成温度骤然下降，影响灭菌效果。

当灶内温度自然降至 60℃左右时，就可将菌棒搬运至冷却室，整齐排放，待菌棒内部温度冷却到 25℃左右时，便可接种。也可直接搬入接种室冷却。接种室和冷却室事先都必须打扫干净，并严格消毒。

5. 接种　夏季高温香菇菌棒的接种一般在接种箱内进行，可保证成品率。

菌种先在 1‰的新洁尔消毒液中清洗表面，然后用 75‰的酒精纱布擦拭待干，接种时再用 75‰酒精棉球进行表面反复揩擦消毒，再放入接种箱内备用。菌棒用 0.1‰新洁尔灭溶液擦拭后也放入接种箱。箱内用 8 克菇宝，点燃熏蒸消毒，30 分钟后开始接种操作。

接种人员洗净双手，并用酒精纱布擦拭消毒后开始接种。接种时先将菌种表层老菌膜除去不要，每个菌棒接 3～4 穴。接种过程中，动作敏捷、迅速，动作不宜过大，减少空气流动，降低染杂风险。

三、菌棒培养

夏季高温香菇的菌棒生产都在 1～3 月，接种的菌棒管理方法与秋季栽培相比有较大差异，主要表现在温度的调控。前期温度低，以增温保温为重点，后期气温高，要防高温引起"烧菌"。

1. 前期菌棒培养　前期菌棒培养的关键在于保温促进菌种定植。菌丝定植后，菌落直径达到 6～8 厘米时，要进行翻堆，散堆，改一开始的墙式为井字形培养，高 8～10 层。菌丝直径达

8～10 厘米，视发菌情况，若有缺氧症状就要进行刺孔增氧。刺孔深度上要掌握：不得刺入菌丝不浓密区域；不得在料壁分离区域刺孔；不得在有污染区域刺孔。

此阶段气温不高，仍可盖薄膜保温，但要注意每 2 天掀膜通风 1 次。

2. 后期菌棒培养　4 月中旬之后，日均气温升高至 18～20℃以上时，要撤去薄膜。改井形堆放为△形堆放，高 8～10 层，增加通风时间。菌丝满袋后进行第二次刺孔，在接种孔的背面进行刺孔，孔深 1～1.5 厘米，数量 20～30 个，增加菌丝的氧气吸收并促使菌棒开始转色。要严格掌握刺孔时的气温和菌棒培养堆内温度。培养场地的气温超过 28℃时禁止刺孔。刺孔后要注意观察堆温，若堆温过高，要进一步散堆，加强通风。发菌场地通风干燥的刺孔数要减少，孔也要刺得浅一些，反之则多些、深些。

四、出菇管理

1. 出菇棚　最好选址在海拔 500 米以上的大田大坝，水源充足、水质良好、水温凉爽。还要地势平坦、通风良好、交通方便。

出菇棚建设坐西北朝东南，日照时间短、没有西晒。出菇棚的大小以地形而定，一般可建成宽 3.6 米、长 8～10 米的棚，由于是夏季出菇，所以需要搭建内部空间高大的大棚，以边高 2 米，中高 2.8 米为好，棚内留好灌排水沟和过道，棚内整理出两厢菇床，宽 1 米、长 7～9 米。菇床高度要高于水沟内灌水的高度，防止灌水时淹没菌棒，形成泡涨水袋而不出菇或烂棒。内棚上用薄膜覆盖，四周薄膜可升可降，棚顶 1 米以上盖遮阳网，必要时还可以再在小荫棚上搭建连成整片的整块双层大荫棚，以利降温（图 4 - 11）。

图 4-11　覆土出菇棚 1　　　　图 4-12　覆土出菇棚 2

也有直接建成连片的大荫棚（图 4-12），不设小薄膜棚的覆土出菇棚。

2. 覆土转色　高温菇栽培的转色大部分是在覆土后完成的，当菌棒发菌期达到 70 天以上，瘤状物占菌棒表面的 2/3 并开始局部转色时要及时脱袋覆土。

具体方法是：首先处理覆土材料，选择沙壤土、焦泥灰、山土为覆土材料，覆土用量为每 1 000 棒 400 千克左右。除焦泥灰外，覆土材料要先敲碎，过筛后加入 1％的石灰并用 0.3％的甲醛溶液喷入土中，覆盖薄膜进行 7 天的杀菌，然后摊开备用。其次处理畦床，提前将畦床用水湿透，湿润畦床的同时加入 100 倍甲醛液杀灭地下害虫和杂菌。最后在阴天或晴天的早晨将菌棒搬到畦面上脱去塑料袋，并一袋紧靠一袋排放，然后在上面覆盖自然湿度的土壤 3 厘米。要求将菌棒全部盖住，菌棒之间的缝隙要填实。

刚覆土的菌棒不能浇水，让其保持自然湿度即可。覆土后随时观察，当菌棒在土中表面有 70％左右形成棕褐色，有个别菌棒开始出菇时即可拨开土壤进入出菇管理阶段。也有产区采取边转色边出头潮菇的方式。

3. 头潮菇管理　此阶段气温不太高、多雨，湿度大。管理时要采取加大温、湿差刺激菇蕾的发生，灌水沟内不用放水，保湿主要用喷水完成，菇房白天闭晚上敞，加大温差刺激。待菇蕾形成后，每天根据天气情况喷水，保持菌棒表面湿润，减少菌棒水分消耗，喷水时不可用力冲刷菇床，防止土壤泥沙沾到香菇上，影响菇的质量。当菌棒含水量不足时，沟内灌满水，菌棒含水量适宜时灌半水。采完一批菇后要将沟里的水放干，降低菌棒含水量，进行养菌。对菌棒间出现的空隙要及时补土、喷水、压实（图 4-13）。

图 4-13　养菌期间的菌棒　　　　　图 4-14　棚顶喷水降温

4. 盛夏期的管理　　进入伏天后，气温高，这阶段管理的重点是降低棚温，减少菌棒含水量。具体做法有以下几项：加厚棚周围的遮阴物，加强通风，每天傍晚开菇房门通风 1 次；在气温特别高时，每天在棚顶上喷水（图 4-14），降低棚内温度；降低棚内水沟水位，以保持土壤较低的含水量和菌棒表面湿软；出现霉菌要及时处理，防止蔓延。

5. 后期出菇管理　　伏天过后气温有所下降，日夜温差增加，是高温香菇产量最集中的阶段。这阶段主要做好补水保湿工作。经过越夏和前几潮的出菇，菌棒发生收缩，此时要及时添加覆土，浇水充实。通过喷水和灌满沟水来补充菌棒含水量，人为加大温差和湿差，拍打菌棒等方式刺激出菇。另外需要增加空气湿度，每天结合喷水通风 2~3 次，促进香菇生长。进入 11 月份，气温降低，已不适合高温菇的生长了，标志着整个生产周期的结束。

第三节　高海拔周年化栽培模式

　　长期以来，香菇受其生长特性的限制，无法做到工厂化生产出菇。但是利用高海拔环境，只要采用适宜的菌株，不但可以生产出菌柄短、菌盖厚、色泽好、易于运输的优质商品菇，而且可以实现周年生产、四季出菇，满足香菇鲜品的常年均衡供应，解决了香菇属于不同步出菇食用菌，出菇周期长难以做到利用控温设施来进行工厂化、规模化生产出菇的难题。

一、品种选择

　　要实现香菇的周年化生产、四季出菇，首先必须满足没有秋栽品种和春栽品种的区分，即采用单品种菌种。在菌种选择上需要各个周年产区自行进行试验筛选，根据自身区域的海拔高低、环境气候而定。可选择的菌种有庆科 20、武香 1 号等品质好、抗性佳的主栽品种。

二、菌棒制作

　　1. 培养基的选择　周年化香菇单品种栽培时，对培养料的选择极为重要。因此，对培养料的选择：①必须要是木屑，不能使用复合料；②木屑必须是新鲜的，不能用干料或陈年料；③配方简单。

　　2. 培养基配方　最主要的配方为：木屑 80%、麦麸 20%、蔗糖和石膏粉各 1%、料水比为 1：1.0～1.2。

　　3. 装袋、灭菌　采用机械拌料、装袋机装袋。从拌料装袋到开始灭菌要控制在 6 小时内完成，防止料变酸。采用常压灭菌，灭菌时要求温度上升要快，灭菌温度为100℃下保持26～28小时。灭菌时料袋要合理排放，留有一定空隙，以有利于培养料受热均匀。为防止出现灭菌死角，最好采用抽真空升温，确保彻底灭菌。

4. 冷却、接种　菌棒灭菌后迅速转入冷却室，料温降到30℃以下时开始接种。建议采用接种箱接种，以保证成品率。每袋3～5个接种点，一般每瓶（袋）栽培种接15～20袋。

三、菌丝培养

1. 定植期　接种完毕后，转入培养室（棚）培菌，保持通风良好，黑暗或弱光。接种后2～5天，是菌丝萌发和定植期，由于菌丝生长微弱，为给菌丝提供适宜温度，要将室温调为20～25℃。每天要测定棚温、堆温、料温，其中以料温为主调节棚温和堆温。发菌初期不宜移动菌袋，以防菌种松动，造成接种口漏气，引起杂菌感染。一般3天内不通风或少量通风。

2. 翻堆管理　接种后7～10天，菌丝向料内蔓延，袋温逐渐升高，第7天开始翻堆，以后每7～10天翻堆1次。在翻堆时，逐袋检查菌丝生长情况及杂菌感染情况。发现没有发菌的接种穴及染杂的菌棒应搬出将其集中处理。培养棚每天要加强通风。接种后11～20天，菌丝进入旺盛生长期，各种代谢活动加快，夏季要特别注意降温和通风。

3. 刺孔管理　接种20天后，因菌丝大量生长，袋内氧气不能满足菌丝生长要求，缺氧成为菌丝生长的限制因素。采用套袋时，应及时脱去套袋，用刺孔的方法增加料内氧气。脱套袋的时间掌握在菌丝圈直径为5～8厘米时进行。

菌丝发满后要立即刺孔排气，每袋刺25～50个孔，深3～4厘米，并结合菌袋含水重灵活掌握，菌棒重的多刺孔，适度的少刺孔。刺孔时气温要掌握在20～25℃。刺孔后，应疏散排放，加强通风，防止高温烧坏菌棒。

4. 转色管理　菌丝长满菌袋后，可进行菌棒转色和后期管理。

菌棒转色适宜的温度为 18～24℃，菌棒周围小气候的空气湿度为 80%～85%，有一定散射光及良好的通风条件。转色期间应将遮阳物去掉，以增加棚内光照。棚温控制在 20～24℃，温差不要太大，此时绝对不能移动或震动菌棒。在此过程中，菌丝逐渐倒伏并分泌褐色素，使菌棒由白色变为棕红色（图 4 - 15）。转色条件适宜，菌棒转色均匀，菌膜厚薄一致，出菇整齐，则产量高，质量好。若转色太浅或不均匀，则出菇质量差、畸形菇多，若转色太重，菌膜过厚，则出菇慢，产量低。

图 4 - 15　转色中的菌棒

四、出菇管理

1. 出菇场地　出菇场地要求海拔在 1 400～2 000 米之间。海拔低于 1 400 米，夏季出菇温度高生长快，菇质差；海拔高于 2 000 米，冬季出菇温度低出菇慢。场地要紧靠水源、水质优良、排水方便、通风好、光照足、环境卫生条件好。

2. 菇棚搭建　每个菇棚面积以"宜小勿大"为原则，建议每个菇棚容量不超过 5 000 棒，棚与棚的间距不少于 2 米，菇棚四周有 30 厘米×50 厘米的排水沟。菇棚的遮阳物提倡用不易腐烂、不易吸水的竹丝、芦苇等材料，也可采用遮阳网。

菇架结构为层架式，每棚两个大架，架宽 50 厘米。每架6～7 层，底层距地面 20 厘米，层距 26 厘米。中间走道宽 90～100

厘米。

出菇场提倡轮作，3 年以上的老菇棚必须在高温期暴晒 2～3 个月或重建。在菌棒进棚前一周，要对出菇棚进行一次彻底杀虫、杀菌处理，方法是喷施杀虫剂、杀菌剂和撒石灰粉。

3. 出菇期管理

（1）催蕾　保持空气湿度 90％～95％，适度通风，调节温差 10℃以上。操作方法：脱去外袋，摆放整齐，用大水喷淋菌棒，然后封棚，2～3 天内不通风。

（2）菇蕾育菇　保持空气湿度 85％～90％，无需关心温度，温差随自然。经过 3 天的保湿催蕾，菇蕾便可发生，此时掀起薄膜适度通风，菇蕾长至 0.5～1 厘米时，开始逐渐加大通风，以利于菇蕾正常生长发育。育菇过程中温度范围一般为 12～16℃，空气相对湿度一般要求为 70％～80％。注意冬季要增强光照，稀疏遮阳物。

（3）养菌补水　当第一潮菇采收后，应让菌棒养菌 7～10 天。对含水量低于 45％的菌棒，养菌温度控制在 25℃以下。当新生菌丝开始转色时开始注水，补水不宜过多或过少，一般原则是补水后的菌棒重量不超过原来的重量。之后每潮菇的补

图 4-16　菌棒补水

水量，以菌棒重量对比前潮减轻 20％左右（图 4-16）。

第四节　层架花菇栽培模式

花菇，因其菌盖上有花纹而得名，它是香菇中的珍品，是香菇子实体受到特异环境条件的刺激而产生的。采用层架栽培模式

生产花菇，从菌棒制作、培养到转色管理都与普通光面菇栽培大同小异，关键在于品种选择、菇棚搭建和催花管理上有特殊要求。

一、品种与季节

1. 适宜品种 花菇生产一般采用晚熟品种。目前在生产中比较容易成花的优良品种主要有两种：

（1）'135' 该品种属晚熟品种，菌龄较长，150～200天；属中偏低温型品种，出菇温度 8～20℃，最适温度为 12～16℃；产菇期与海拔、光照时间等因素有很大关系。该菌株抗逆性略弱，含水量高的菌棒易烂棒，较适宜中高海拔地区栽培，低海拔地区越夏要注意减少菌棒排放密度和通风降温。

（2）'9015'、'939' 该系列品种属于中熟品种，且菌龄弹性大，作为花菇栽培时菌龄 120～150天为宜；属中温偏低型品种，出菇温度 8～25℃、最适温度为 15～18℃，25℃以上易出现畸形菇或不出菇，成花一般较易，空气相对湿度不高于65％即能成花。菌丝抗逆性强，高、中、低海拔均适宜栽培。

2. 栽培季节 栽培季节要根据选用品种的特性来安排。晚熟品种如'135'制棒期安排在 1～3月；中熟品种如'939'和'9015'的制棒期安排在 3～5月。这样菌棒才有足够的后熟时间，有利于提高花菇的品质。

二、菌棒制作

1. 培养料配方 与香菇秋栽大棚模式相比较，生产上配方有所改变。主要是考虑了安全越夏、转色及菌棒培养时间较长等因素。主要配方如下（按干原料的重量比计算）：

（1）'135' 杂木屑83％～86％，麦麸 12％～15％，糖

1％，石膏1％，料水比为1∶1～1.05，pH自然。

（2）'9015'、'939'　杂木屑78％，麦麸20％，糖1％，石膏1％，料水比为1∶1.2～1.3，pH自然。

2. 装袋、灭菌、接种　具体操作参见第四章第一节秋季大棚栽培技术。

三、菌棒培养

1. 温度、湿度、光照管理　在室内培养发菌时，宜在室内安装风扇或空调，以利于空气流通，降温控温。在室外培养发菌时，要注意通风、遮阳，调控温度。

在湿度管理上，主要是防止湿度过高。湿度过高不仅会导致杂菌的滋生繁殖，而且会因空气中的含氧量少而影响菌丝生长。雨天或场地潮湿引起湿度过高时，可在地面撒生石灰以便吸湿降低湿度；如在十分干燥和空气湿度过低的环境下，则要注意采取减少刺孔数量、培养场地内放置水盆等措施，减少菌棒内的水分损失。

在整个培养发菌期间，除出菇前1个月外，都以较阴暗为主，门窗应挂遮阳网等物遮阴。出菇前1个月，要增加散射光，这样有利菌丝转色。但要避免光照过强如直射光照射，导致菌丝老化，过早产生原基，影响产量。

2. 刺孔管理　'135'的刺孔分两次，第一次在菌丝圈直径10厘米左右，在每个接种孔菌丝圈边内侧2厘米的地方刺4个孔左右，孔深1～2厘米。第二次刺孔通气掌握在脱袋前7～10天，这次刺孔为大通气，孔深2～3厘米，全袋孔数40～60个。第一次刺孔和翻堆检查时要轻拿轻放，防止过大的震动。

'9015'、'939'的菌棒刺孔通气次数为3次。在'135'刺孔管理的基础上增加一次刺孔。刺孔时间掌握当菌丝圈在接种孔背面相连时，在每个接种孔菌丝圈边内侧2厘米的地方刺8个孔左右，孔深 1～2 厘米。

刺孔的数量、时间和次数要根据实际情况灵活掌握，切不可死搬硬套。

3. 越夏管理 花菇栽培时间长，菌丝长满袋之后还需有一段越夏的时间。能否安全越夏是花菇产量、品质保障的关键。所以，抓好越夏管理尤为重要。

菌棒越夏一般采取室外荫棚越夏。荫棚建设要标准、牢固，四周开好排水沟，四周用树木遮阴。室外越夏菌棒（图 4 - 17）上架时间应在最后一次刺孔的同时或一周内完成。高温期间应加厚棚顶及四周的遮阴物外，在棚内开沟灌活动水，降低棚内温度。注意棚内通风，自然风向方位的遮阴物可适当稀疏，利于棚内空气对流。

图 4 - 17　越夏菌棒

四、出菇管理

1. 出菇棚 花菇的自然发生量很低，必须具备特定的地形、风力、光照和温度才能产生。故花菇出菇场地应选择在空气流通、冬季有西北风走动、日照时间长、地下水位低和给水又方便的山地、旱地及排水性好的农田。

花菇棚由遮阴高棚、塑料大棚、多层栽培架三部分组成。气候特殊的产区只需塑料大棚和多层栽培架。

遮阴高棚，高 2.5～3 米，用竹、木或者钢管搭成。上面加盖遮阳物网和茅草、芒萁、稻草、杉树枝等遮阳材料。

遮阴棚下搭建塑料大棚，宽 2.8～3.2 米，肩高 1.8～2 米，一般用竹木作菇架，棚顶塑料薄膜用压膜线或塑料绳固定，塑料大棚四周的薄膜要可升可降，便于调节菇棚内温湿度。为防止地下水蒸发引起菇棚内空气相对湿度升高，若菇棚内土壤干燥的，可在地表铺一层干沙子。

图4-18　遮阴棚　　　　　　图4-19　竹制菇棚和菇架

多层栽培架是用于摆放菌棒出菇的，可用木材、毛竹搭建，也可用水泥制成，一般5～6层，层距0.3～0.4米，底层高0.15～0.2米，架宽0.40～0.45米，中间两排并拢，两边各设一排，左右两面操作道宽度0.6～0.7米（图4-19）。另外，在菇棚不同部位挂几只干湿温度计，以便随时观察调控温度、湿度。菇棚四周应保持有2米的开阔地，以利于通风。

2. 排场上架　通常情况下花菇栽培的排场上架时间有三种：①在越夏前排场上架，接种后发菌到3/4就把菌棒移入出菇棚架上去发菌和越夏；②菌棒越夏后，平均气温尚在23～25℃的季节排场上架；③菌棒上有零星菇蕾发生后，再把菌棒排场上架。

越夏后，由于刺孔增氧会导致袋内水分大量蒸发而引起缺水，所以对重量过轻的菌棒，在出菇前7～10天需进行补水，保证袋内有充足水分，供给幼蕾生长发育。注水时气温不应超过25℃，水温需比菌棒温度低5℃以上。注水后，让菌棒表面晾干，然后保持菇棚空气相对湿度为80%～84%，温度不超过20℃，从而促进菇蕾发生。

3. 催蕾   关键是要抓住气候变化的时机适时进棚上架，合适的出菇时期即受冷空气影响出现连续 3～5 天明显降温 10℃ 以上的天气，抓紧搬运菌棒上架。搬运过程对菌棒产生的震动刺激，加上变天降温对菌棒的温差刺激，能产生比较有效的催蕾效果。一般在冷空气影响过后 3～7 天就能普遍发生菇蕾。还可用木板拍打菌棒，或用 2 根菌棒互相拍打。同样在冷空气影响过后 3～7 天就能普遍发生菇蕾。

4. 割袋与育蕾   层架栽培花菇与常规栽培香菇生产工艺上最大的不同点是：层架花菇保留塑料袋割口出菇。以幼蕾长到直径 1.5～2.0 厘米时割口较为适宜。割口时可用专用刀或刀片，将幼蕾四周的塑料袋割成 2/3 的圆圈形割口，保留 1/3 薄膜不割断，让菇蕾从割口长出，并剔除多余的菇蕾，以减少营养消耗（图 4-20）。

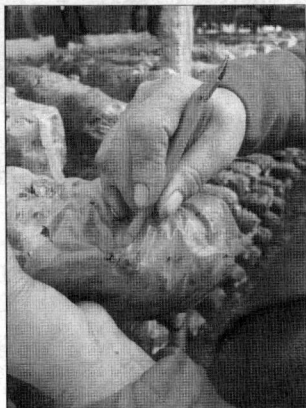

图 4-20   割   袋

刚割袋的菇蕾尚处于十分娇嫩阶段，必须进行保温保湿育蕾。待菇蕾长至直径 2～3 厘米再进行催花管理。育蕾期的温度为 8～20℃，相对湿度为 80%～90%。

5. 催花

（1）温度   适宜花菇形成的温度为 8～22℃，最佳为 12～16℃。昼夜温差在 10℃ 以上，可以形成理想的花菇。在子实体生长后期，有连续 3～4 天昼夜温差在 14℃ 以上，也可以形成花菇，温差愈大，持续时间愈长，裂纹就愈明显。

（2）湿度   适宜花菇形成的湿度为 50%～68%，最佳为 50%～55%。干燥条件下有利于菌盖裂纹的形成。

（3）光照   光照有利于提高棚内温度，降低湿度，加速菇蕾菌皮的干燥。故在严寒季节，日最高温度在10℃以下，可将荫棚上的遮阴物拉稀疏，促使日照透入塑料大棚内，提高棚内的温度，保证花菇形成期所需的温度。如棚内温度、湿度过低，可下降塑料棚四周的塑料膜来增温保湿，反之升膜来降低棚温，以达到逆向作用。

（4）通风　风速一般只需2～3级的微风，可以加深菌盖裂纹和保持裂纹洁白的颜色。如果风速过大，菇体表面水分蒸发过快，也易使未成熟的幼菇干枯萎缩。

图4-21　白花菇

总而言之，花菇的形成是受温度、湿度、温差和光照等各种环境条件综合影响的结果。优质的花菇称为白花菇（图4-21），其品质好，售价高。

第五节　半熟料三柱联体栽培模式

半熟料三柱联体栽培模式是辽宁省香菇栽培的典型模式。香菇半熟料三柱联体栽培生产工艺与常规全熟料栽培相比，缩短灭菌时间，节省燃料；栽培场地要求简单，能遮阴的简易冷棚即可，建造成本远远低于北方传统的暖棚；采用5～15℃低温发菌，比传统18～25℃发菌的污染率降低10%以上，菌丝培养时间缩短10～15天。

一、品种选择

半熟料栽培品种以'433'、'1363'为好，还可选择'66'、

'26'、'867'、'937'等中温、抗逆、抗杂、菇形圆整、菇柄较短、稳产、高产的早熟品种。

二、菌棒制作

1. 培养料配方 选人工粉碎的硬杂木屑，最好在秋季之前购进，第二年春季使用，这样通过夏秋冬三季的发酵及风吹、日晒、雨淋，既能使料内抑制菌丝生长的挥发物质自然蒸发，又能将锯末中的杂菌、虫卵等杀灭。主要的配方有两种：

（1）杂木屑82%、麦麸7%、稻糠7%、玉米粉3%、石膏1%，含水量55%～58%，pH自然。

（2）杂木屑82%、麦麸16%、石膏2%，含水量55%～58%，pH自然。

2. 拌料 先将麦麸、玉米粉、石膏混在一起拌匀，再与木屑混合拌匀，用喷壶浇水，边倒料边喷水，直至拌匀。装锅前30分钟拌好，水分要求在55%～58%为好。拌好的料要及时灭菌，放置时间不得超过2～3小时，避免产生杂菌，造成灭菌不彻底。

3. 灭菌、冷却 用铁板焊接的大锅蒸培养料进行灭菌。灭菌前将锅底装足水，要保证灭菌过程中不需要补水。然后铺上帘子和屉布，水面距帘子15厘米以上，防止水开后溅到帘子上，增加料内水分。在底层先放进10厘米厚的培养料，烧开水后进行装锅，采用顶气法上料，即哪里冒气，就往哪里撒料，加大底火，见气撒料，一气呵成，直到装满锅为止。封锅前将出锅装料用的小编织袋放进锅上面一起蒸，起到消毒作用。封锅后，加热至98℃以上，保持2～3小时。早春低温时或者使用陈年木屑时保持2小时即可；气温较高时或使用新木屑时适当增加灭菌时间，最多不要超过3小时。

培养料蒸好后，应趁热在70℃以上时出锅。用小编织袋装料，15千克一袋，放在遮雨、遮光、干净处冷却。冷却至25℃左右时接种，料温太低时拌种会推迟菌种萌发。

4. 接种、装袋　接种环境要严格消毒，可以在接种棚内地上先铺一块干净塑料膜，在塑料膜上拌种。将预先粉碎好的菌种拌入冷凉的培养料内，料种比为7∶1（均为湿重），就是在3.5千克冷凉的料内拌入0.5千克粉碎好的菌种，充分拌匀，再进行装袋。

袋大小60厘米×20厘米×0.04毫米，装袋时要松紧适度。用一只手在袋的中间托起，保证中间不塌即可，每袋料湿重3.5～4千克。

5. 扎眼、摆袋　摆袋前，可在地面撒生石灰进行消毒，然后铺上地膜，再垫好木方或玉米秆，让菌棒离开地面7厘米以上，起到隔绝早春凉气和湿气的作用。将装好的菌棒，先扎眼，再摆放。每袋扎4行眼，每行9～10个眼。棒与棒之间的距离根据气温、棚温调整，注意先期摆袋间隔2～4厘米，让菌丝生长放出的生物热不散失，提高菌棒温度；层与层之间用玉米秆间隔开，呈品字形摆放，最高可摆6层；垛与垛之间留40厘米以上的作业道，以利通风和作业。

三、菌棒培养

菌棒发菌管理期40～50天，整个发菌时期要求温度适宜、空气湿度略干燥、氧气要充足。另外还必须遮光，避免阳光直射料面，如料面的温度升到28℃以上时，会抑制菌丝生长。

1. 前期培养要点　防冻、增温是技术的关键。摆袋后，菌丝刚刚萌动，需氧量较小，棚内基本上不用特别通风。主要靠调节棚上草帘增高棚内温度，让菌丝有适宜的萌发温度，迅速吃料占领"地盘"，使杂菌无可乘之机。晚间加盖塑料薄膜保温，但白天必须拿掉以利通氧、增温。

2. 中期培养要点　增温、保湿、遮光、通风是此时期的关键。正常生长的菌棒，菌种点洁白，没有红、黄、绿感染症状，菌袋打开来会有香菇特有的香味。白天棚内气温升高，达到20℃以上时，袋内温度会达到22℃以上，就要注意倒垛和通风。通风可卷起四周塑料薄膜，让风对流。夜间棚内温度降到15℃以下时，就要把四周塑料薄膜放下来，进行保温。15~20℃是半熟料栽培菌丝生长最适合的温度，而且能有效地控制杂菌的生长。

接种15天左右，接种时扎好的4行眼看上去已经被菌丝覆盖，就要进行第二次扎眼通风，方法是在每袋第一次通风眼的空隙处再扎4行眼。继续培养数天，如果又发现有缺氧现象时，还要在菌棒一头用直径为0.6厘米、长35厘米的钢筋纵向扎眼。

发菌期间要结合二次扎眼进行2~3次倒袋，倒袋的同时挑出染杂菌棒。需要注意的是下面两层菌棒因地面温度低，萌发速度明显缓慢，要移到堆垛上层培养。

3. 后期培养要点　控温增氧是后期菌丝培养的关键。由于气温的升高和菌丝生长放出热量，要根据气温条件撤掉培养棚四周的塑料膜，用草帘、遮阳网或玉米秆围在四周遮光即可。温、湿、光、气的调整主要靠棚帘和塑料薄膜进行，控制棚内温度在20℃以下，袋内温度23℃以下。

四、出菇管理

（一）脱袋组合

菌棒培养40~50天后菌丝长满袋，待料表面产生少量瘤状物或有吐水现象后即可脱袋组合。以瘤状物3~5个为最佳组合期。组合时棚内温度要求低于20℃，可早上或晚间组合，禁止午间温度高时组合。因为菌棒进行脱袋组合后，菌丝生长旺盛，生物热骤然上升，如棚内温度高于20℃，三柱中心温度很可能达到 26℃以上，易造成烧料。

组合的具体步骤：三个菌棒组成一组，让三个菌棒合成一个可以直接竖放于地上的整体，即三柱联体。先用两块木板，做一个可以容下两个菌棒的模具放于桌上。组合时，将菌棒用刀尖从两侧纵向划开脱掉塑料袋。先把脱掉袋子的两个菌棒放平在模具中，为保证接触紧密，要把接触部位起包的老菌皮削平，中间空隙用预先粉碎好的菌料填满、压实，一般一个菌棒粉碎后，可以组合 14～15 组，第三个菌棒也要削平接触面，使菌棒之间没有缝隙。最后，用事先放好的绑绳将 3 个菌棒扎在一起，不要勒断菌棒，紧实不散就好。三柱竖直放置后，如棒与棒之间仍有缝隙，一定要用菌料继续填平，防止缝隙中出菇和以后松散或浸水后联体破碎现象。

组合结束后，整组竖放于事先铺好的 1 米宽的薄膜上，两组之间要留 5 厘米作业道，每平方米摆 9 组。原则上组合一组，摆放一组，随时盖上薄膜。摆满后压严薄膜四周，5～7 天基本不动。

（二）转色管理

三柱组合后即进入转色管理。转色的深浅、薄厚，直接影响出菇的产量和质量。

1. 通风调湿，促进转色　组合 1 周后，菌棒表面出现白色绒毛状气生菌丝，并有棕红色水珠吐出时，就要创造"干干湿湿"的条件促进菌棒快速转色。这期间菌棒表面气生菌丝生长，浓密洁白，要进行大通风。可以在傍晚和早晨各通风 0.5～1 小时，让菌丝倒伏到菌料表面。这样反复几次，料面形成一层亮膜，并伴有像出汗一样的吐水现象出现。吐水随转色程度的加深，逐渐由无色到浅黄再到棕红色，料面也逐渐形成像树皮一样的棕色即达到转色目的。

假如菌棒表面出现的气生菌丝没达到整体洁白，用手摸有扎手的感觉，即是空间湿度不够。可用喷壶浇水或在塑料薄膜内菌棒的空隙中间放碗水等措施，来增加空气湿度的办法解决，不及时增湿，将影响转色和出菇。

2. 调光，控温 散射光是转色的必要条件，可以通过调节棚帘及遮阳网控制棚内透光度，从而达到调控棚内温度的目的。要控制组合点中间温度在 25℃以下，超过 25℃要进行降温处理。可将铺在地下的地膜撤掉，往作业道上、盖菌棒的塑料薄膜上、菌棒上、棚上浇水降温。温度在 20～26℃时利于转色，控制在 25℃左右，更有利于快速转色和达到出菇生理成熟的积温。

（三）出菇管理

5月末到6月初，菌棒转色结束后开始出现龟裂时，就可以进行催蕾管理。管理要点：通过调整冷棚四周的塑料薄膜和遮阳网，拉大温差，给予 10℃以上的温差刺激。催蕾期间要多往步道上喷水，增加空间湿度，达到 90％以上，促使菇蕾产生。第一潮菇最好利用袋内含水，自然出菇，因为第一潮菇畸形菇多，要控制出菇量，少出畸形菇，积累营养，为以后出好菇、多出菇打基础。要求催菇一定要达到积温，生理成熟后再进行。从菇蕾到子实体成熟只需 3～4 天，但若温度过低也有可能会延后几天。也可以根据市场需求和价格控制出菇。

第二潮菇以后要浸水催菇，且每次催菇前要养菌，保证营养积累完成后再进行浸泡补水。菌棒浸泡时间要根据气温、水温调节。水温低于气温吸水快，浸水时间要短，五、六潮菇以后，浸水时间要缩短。如果浸泡吸水慢，可以扎眼，就是在菌棒的上部用扎透心眼的钢筋靠每棒外侧 1/3 处扎眼，深度到菌棒的 1/2 处，下次扎眼要换个位置，防止烂棒。特别注意的是伏季浸水时间不能太长，棚内空间湿度不能太大，防止生病、生虫、烂棒。

浸泡后，盖塑料薄膜，一般 2～3 天就可催出菇蕾，这时要揭掉盖膜，让原基陆续出来。菇蕾发育初期要保持菇棚温度在15～24℃，空气相对湿度85％～93％，如湿度不够，每天向棚壁及地面、空间喷水2～3次，注意不要喷到菌棒上；当幼菇长到2～3厘米时，停止喷水，直至采完这潮菇，只利用菌棒内含水供子实体生长。

因为三柱联体栽培香菇一般都集中在中、上部出菇，几潮菇后，菌棒会出现上细、下粗的现象，这时就需要在补水完毕后倒立摆放，可以每出两潮颠倒一次。倒立后，既可防止原来菌棒下部由于长时间含水量比上部偏大，且长期接触地面而造成烂料的现象，又可保证出菇营养供应，使料内营养得到全部利用。

第六节　段木香菇栽培模式

段木栽培香菇是香菇的传统栽培方式。因段木出产的香菇品质优良，售价高，该种栽培模式仍占据着不可替代的地位。

首先，利用段木栽培生产的香菇不用加任何辅料，利用段木本身的养分生长，保证了香菇不会受到任何的污染。其次，段木栽培一般是在自然林木丰富的天然林场栽培，可就地取材，采菇出山。第三，实现接种一次，采收3～5年，劳动力投入量较低。最重要的是，段木香菇的品质保证历来为消费者所公认，所以，在有条件的自然林区发展段木栽培优质香菇还是有潜力的。

一、品种选择

段木栽培香菇品种比较有限，可选择的优良品种有L135、L241以及沪农1号等。使用原则与代料栽培一致：一定要熟悉所使用品种的特性，最好使用在本地已有的、表现良好的熟悉品种，切不可引种回来不经过出菇试验就大面积栽培。

二、段木制作

1. 栽培树种 除松、杉、柏等针叶树及部分含有樟油、辛辣物质的阔叶树不能用于栽培香菇外，其他阔叶树一般均可用于香菇栽培。对优质菇栽培来讲，一般使用麻栎和栓皮栎为栽培树种，又以青冈树和小橡树最佳，栽培树木的树径在 10～15 厘米为好。

2. 砍伐、截段 菇木的砍伐提倡在树木的休眠期进行，一般在每年立冬至翌年的惊蛰之间，即 11 月中旬至翌年 2 月下旬。此时，树木贮存养分最丰富，树皮与木质部结合紧密，搬动时不易脱皮。也可根据接种时间安排砍伐。第一步先将菇树砍倒后横倒，在原地失水15 天左右开始截段（图 4-22），截段应在晴天进行，段木长度以 1 米为宜，截好的段木就地或集中搬运到栽培场。以井字形或者△形堆码继续干燥一段时间，最好

图 4-22 段木截断

是按树径大小分开堆叠（图 4-23）。

3. 接种 接种时间一般在阳历 2～3 月。当自然气温在 8℃以上即可进行，同时还要参考树木砍伐的时间。接种时段木含水量要合适，一般当菇木重量减少到砍伐时重量的 80％～85％时为接种合适期。所以，在晚秋和早春砍伐的树木，菇木失水快一些，应在砍伐后 40 天内完成接种，而在大寒天砍伐的菇木可在 70 天内完成接种。接种最好在晴天进行，雨天容易感染杂菌。

图 4 - 23 段木架晒

　　开始接种时操作人员和接种工具都应该严格用药物消毒，再用 14 毫米的电钻头钻孔（图 4 - 24），接种间距为 20 厘米，行距为 6 厘米左右，孔深为 1.5～2 厘米，成品字形，打孔、接种（图 4 - 25）、封盖分工合作，边钻孔，边点菌种，边盖木盖，做到井然有序。

图 4 - 24 段木打孔

图 4 - 25 段木接种

三、菇木培养

香菇菌丝在 6～28℃左右均能生长，最适温度在 20～25℃，低于 10℃生长缓慢，高于 30℃停止生长或死亡。

1. 春季菇木培养　早春时节，时有寒潮袭击，菌丝接种后恢复慢，抗逆性差，菇木应立即堆码，四周盖上薄膜，增加堆温促使菌丝萌发和生长。堆码时下面要垫两根枕木，便于通风透气，堆高可达 1.5 米，长不超过 20 米，可呈井字形或叠堆式排放。发菌 10 天后第一次翻棒，上翻下、下翻上，堆内翻堆外，堆外翻堆内，以后每 15 天翻一次棒。

第一次翻堆时若发现菇木过干就要喷水，堆内湿度保持在75 ％，始终保持树皮处于湿润状态。气温过高要在晴天中午时将四周薄膜适当掀起一点，通风换气 1 小时以上。

接种 20 天后检查菌丝成活情况，若有菌丝干燥死亡或杂菌感染要及时处理并补种。

2. 夏季菇木培养　高温季节是菌丝生长最旺盛的时期。此阶段主要工作是降温与通风保湿。需要将菇木移到荫棚内，降低菇木堆高，加大菇木之间的间距，加厚遮阴物，降低堆温。要求将菇木堆内温度控制在 32℃以内。此外也需要进行干湿交替管理，一般喷一次水可管 1 周，待菇木干燥后再喷水保湿。

四、出菇管理

（一）排场

目前段木香菇栽培有三种排场方式：①林间就地排棒；②选择林间较为开阔的地方，将段木相对集中排放；③直接把段木搬运出林区，人工搭建栽培场，配备遮阴设备和喷雾系统进行集约化、规模化栽培管理。无论采用哪种出菇模式，场地都要求地势较缓，通风排水良好，朝向以东坡或南坡为好，菇场水源好，方便使用。

（二）起架

菌棒经 6～10 个月的发菌管理，菌丝已长满段木并达到生理成熟。观察菌棒若有少量的菇蕾开始出现时，可将菇木进行立木上架。起架的方法：目前一般采用人字形架（图 4-26），用长的竹竿或木杆，离地面 70 厘米左右，两端用木桩支撑固定，将菇木交叉斜靠在支架两边，菇木之间留 5 厘米左右的距离。也可采取△形起架出菇（图 4-27）。早春以前接种的菇木，到翌年春季一般可大量出菇，直径较大的菇木盛产期可达 3 年以上。

图 4-26　人字形架出菇

图 4-27　△形架出菇

（三）催蕾

对于含水量低并达到生理成熟的菇木可采用浸水催蕾。浸水催蕾要求水温较菇木低 5℃，浸水时间一般为 24～36 小时。浸水后 5～7 天菇蕾即可发生。

菇木含水量较大或通过浸水后仍不出菇的可以通过温差刺激催蕾，也可以采用惊蕈的方法进行催蕾。操作时当地气温最好在 15℃左右，方法简单，用软木条轻轻拍打菇木即可，惊蕈后一般 8 天左右菇蕾就可大量发生。

（四）温度、湿度、光照管理

1. 温度　香菇生长最适温度在 10～20℃，菇场温度最好控制在 23℃以下，并创造 8℃以上的昼夜温差，以刺激原基形成。在春天过后，菇场以降温为主，通过加厚菇场遮阴物、加强通风换气、加大喷水量来调节。在冬季和早春季节，则以保温为主，通过减少菇场遮阳物，增加光照，在菇木上加盖保温薄膜的办法来解决。

2. 湿度　菇木含水量是出菇多少的关键，通过浸泡使菇木含水量充足，可以在香菇生产过程中为其提供源源不断的水分和养分。另外，通过盖膜、喷水等方法调节空气相对湿度，造成内湿外干的环境，促使香菇表面龟裂而形成花菇。刚形成菇蕾时，菇场和菇木均要求较高湿度，菇场相对湿度一般在 80%～90%。随着菇蕾的长大，停止喷水，进行干湿交替管理，当菇蕾长到 2～2.5 厘米大小时，菇场相对湿度保持在 75% 以下。

3. 光照　通风条件良好、光照调控方便的菇场是栽培优质段木菇不可缺少的条件。光照的控制一般要求冬春强、夏秋弱，温度低时强，温度高时弱。冬季低温季节，达到两分阴八分阳，夏秋季节达到七分阴三分阳。

（五）养菌及越夏管理

每一潮菇采收后，都要对菇木进行养菌。养菌期要对菇木进行保湿 7～10 天，方法是在菇木上覆盖遮阴物或塑料薄膜，养菌转潮期时间不等，一般在 20～50 天。

7 月底后，气温升高，香菇已很难再发生，菇木可开始养菌越夏，目的是要保护好菇木树皮和内部菌丝，为下半年出菇积累养分。此阶段应防止阳光直射菇木，避免树皮脱落。最好将菇木堆叠在一起，上面盖一层树枝或芒草。并视菇木含水量情况喷水保湿，每个月检查翻堆一次，定时通风，防止杂菌感染菇木和其他虫害。

第五章

香菇主要病虫害及防治方法

　　香菇生产从前期的菌种制作，到栽培过程中的菌丝培养，再到子实体生长发育的整个过程中，都有发生病虫害的潜在危险。感染病虫害会造成香菇产量的减少甚至绝收，并且少数菇农在病虫害防治过程中缺乏产品质量安全意识，滥用农药，导致香菇产品农药残留超标，也会为香菇产业的发展带来负面影响。

　　本章重点介绍目前香菇主流栽培模式——人工代料袋栽过程中易发生的病虫害种类、发生规律和安全有效的防治方法。强调通过栽培管理的农业防治、物理防治和生态防治进行病虫害综合防治，当不得不使用农药进行化学防治时，本章介绍了多种低毒、高效、低残留的农药及其正确的使用方法。在给菇农介绍各种病虫害防治方法的同时，力求树立菇农正确的病虫害防治理念，确保香菇产品的安全性。

第一节　香菇主要病害及防治方法

　　香菇在生长、发育或运输贮藏过程中，受到病原微生物的侵害，或受到不良环境因素的影响，香菇的结构、生理功能等会发生异常的变化，严重时引起菌丝或子实体萎缩或死亡，使香菇产量降低或绝收，发生上述现象即为病害。按照病害是否由病原生物引起，可分为两大类：生理性病害和生物性病害。生理性病害是由不适宜的栽培环境或不适当的栽培措施引起食用菌产生生理障碍，出现多种变态发育，子实体畸形或萎缩，导致产量降低，质量下降。生理性病害由于不存在其他有害生物，故病害不会传染。生物性病害是由有害微生物造成的，能通过一定的途径进行传播，可以根据微生物是否侵染、寄生食用菌菌丝或子实体分为寄生性病害和竞争性杂菌。寄生性病害主要由一些真菌、细菌和病毒引起，病原物侵染并寄生食用菌的菌丝或子实体，导致菌丝或子实体萎缩、凋亡或腐烂；竞争性杂菌主要由一些真菌或细菌与食用菌争夺培养料引起，形成杂菌菌落，影响食用菌生长和正常的发育和出菇。在目前以代料袋栽为主的栽培模式下，香菇病害大多数为培养料中腐生的竞争性杂菌，仅有少数几种常见的寄生性病害，在合理的栽培管理方法和使用优良菌种的条件下，寄生性病害的发生频率也可以得到很大的抑制。

一、竞争性杂菌

（一）绿色木霉（*Trichoderma viride*）

1. 病原 绿色木霉常称作绿霉，常见的种类有绿色木霉（*Trichoderma viride* Pers.）和康氏木霉（*T. koningii* Oudem）。菌落初期为白色，从中央开始产生绿色的分生孢子，最后整个菌落都长满分生孢子而呈深绿色或蓝绿色（图 5 - 1）。

2. 症状 绿色木霉是香菇生产中最严重的竞争性杂菌，它能

图 5 - 1　木霉感染香菇菌棒

侵害香菇培养基质，与香菇菌丝争夺培养料，造成香菇菌丝不长，甚至退菌。当香菇料面上落入木霉孢子，孢子可迅速萌发形成菌丝。菌丝初期呈纤细、白色絮状，生长迅速，2天后即可产生绿色的分生孢子团，将料面覆盖。在香菇代料栽培模式中，因破袋或袋底黏合不严，留存小空隙也易引发木霉侵染。绿色木霉也能侵害香菇菌丝体和子实体。一些抗性较弱和发菌速度较慢的香菇品种较易被木霉侵染。

3. 发病条件　绿色木霉的菌丝和分生孢子广泛存在于自然界中，主要通过气流和水滴传播。在侵入香菇培养料后菌落扩展很快，特别在高温高湿条件下，2～3天内木霉菌丝可生长至直径10余厘米，并在中央出现绿色分生孢子。木霉菌丝在25～30℃下生长速度最快，孢子在15～30℃萌发率最高。高湿环境对绿霉菌丝生长和萌发有利，空气湿度达到70%以上，菌棒表面较湿润时，能快速在菌棒表面生长并侵入培养料内部；绿霉菌丝耐二氧化碳能力强，在通风不良的菇房内，木霉菌丝能大量繁殖并侵入培养料、菌丝和菇体中。木霉菌丝能寄生于生活能力较差的食用菌菌丝和菇体上，栽培多年的老菇房周围环境中的有机体是木霉菌丝和孢子的初侵染源。

4. 防控方法

（1）保持周边环境卫生，减少病原　保持生产环境的卫生，周边不堆积废料、废菌包和菇残体。

（2）使用合格的栽培袋　栽培袋厚度达到0.05毫米以上，袋子表面无微孔，防止袋子在搬运过程中与地面摩擦而产生孔洞；装料紧实，使培养料和袋子之间没有明显的缝隙。

（3）灭菌彻底，接种快速　常压灭菌在100℃时保持10小时以上，等菌袋温度下降后才能打开灭菌包，防止外界带菌冷空气倒流进菌袋。菌袋出锅后及时搬进消毒过的接种室，等代料温度下降后及时接种，适当增加接种口的菌种量，减少木霉侵入的机会。

（4）使用优良纯净的菌种　菌种生命力强，菌种不带杂菌是降低香菇感染木霉的保证。

（5）发菌、出菇管理　合理的栽培管理是防治杂菌感染最有力的手段。在发菌阶段保持恒温，可降低因温差引起空气流通而带入杂菌的机会；在发菌期发现被木霉侵染的菌包要及时挑出，减少重复污染；出菇期适当降低空气湿度，特别是在高温天气下，水分管理应干湿交替，保持一定量的通风。

（6）药物防治　50％的咪鲜胺锰盐 500 或 1 000 倍液可用于菇房及地面消毒；出菇期菌棒或子实体上发现木霉，可在出菇间歇期使用 40％二氯异氰尿酸钠 1 000 倍液喷于菌棒表面，3～5天后再喷一次。

（二）青霉（*Penicillium* spp.）

1. 病原　青霉属子囊菌门（Ascomycota），散囊菌纲（Eurotiomycetes），散囊菌亚纲（Eurotiomycetidae），散囊菌目（Eurotiales），发菌科（Trichocomaceae）。分生孢子梗表面光滑，其上产分生孢子链，分生孢子为椭圆形（图 5-2）。菌落圆形，生长快，呈较致密的绒状或絮状，表面常有黄色至柠檬色液滴渗出，并有色素扩散至培养基中。

2. 症状　在富含麦麸、米糠的代料培养料上常出现青霉污染，侵染初期培养料表面出现白色绒状菌丝，随

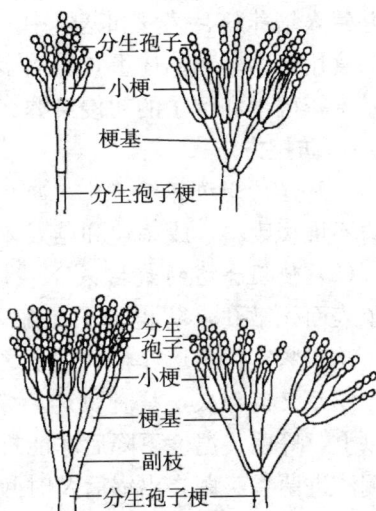

图 5-2　青霉分生孢子

后转变为黄绿色或青绿色的分生孢子层。

3. 发病条件　青霉菌丝和分生孢子广泛存在于自然界中，分生孢子能通过气流和水滴传播入培养料中。菌丝在 15～40℃ 均能生长，孢子在 20～35℃ 时长速较快。当空气湿度达 70% 以上，孢子能快速萌发和生长。青霉菌分泌的毒素能抑制菌丝生长，导致菌棒报废。高温高湿的季节青霉发生量大，危害严重。

4. 防控方法　因青霉与木霉发病规律相似，防控方法与绿色木霉的防控方法相同。

（三）根霉（*Rhizopus* spp.）

1. 病原　根霉属接合菌门（Zygomycota），危害香菇最常见的 种 类 为 黑 根 霉 （*R. stolonifer*）。菌丝白色透明，在培养基内呈葡萄状，如有根状菌丝，称为假根（图 5 - 3）。孢囊梗从假根上长出，顶部膨大形成孢子囊，孢子囊初期为黄白色，后期变为黑色。

2. 症状　根霉以菌丝和孢子侵染木腐菌培养料，在

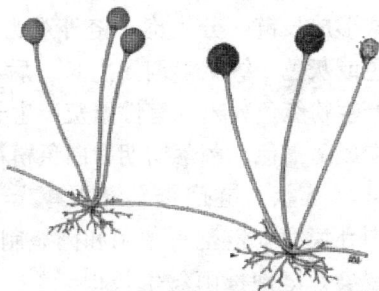

图 5 - 3　根霉假根

秋季高温时段进行菌袋生产时经常发生，已成为高温期间制袋的主要竞争性杂菌之一。根霉一旦接触培养料，菌丝迅速萌发生长。随培养料温度的升高，根霉生长速度加快，短期内菌袋中长满参差不齐的白色发亮菌丝。形成孢子后，培养基表面会出现许多圆球状小颗粒，小颗粒初为灰白色或黄白色，再转变为黑色，到后期出现黑色颗粒状霉层。接种时带入的根霉，会快速萌发并侵占培养料，导致香菇菌丝不能继续生长，生产失败。

3. 发病条件　根霉是喜高温的竞争性杂菌，存在于空气、

水塘、土壤及有机残体中。熟化的培养料在高温期间接种以及发菌时极易遭受侵害。25～35℃是根霉繁殖活跃期，20℃以下时菌丝生长速度下降。根霉抗药性强，多菌灵、托布津等农药不易控制根霉生长。香菇菌丝能在被根霉侵染过的培养基中继续生长，但养分吸收转化不完全，菌棒板结，开袋后转色困难，泡水后易散筒。

4. 防控方法　防控方法与绿色木霉的防控方法相同。

（四）链孢霉（*Neurospora sitophila*）

1. 病原　链孢霉又名好食脉孢霉（*N. sitophila* Shear & B. O. Dodge），俗称红色面包霉，属子囊菌门（Ascomycota）。分生孢子梗与菌丝无明显差异，顶端形成分生孢子，分生孢子以芽生方式形成长链，分生孢子链外观为念珠状，链可分枝。菌丝初为白色或灰色，绒状，匍匐生长，后逐渐变为粉红色，并在菌丝上层产生粉红色粉末。有性繁殖产生子囊孢子，子囊孢子初为无色，后变成暗褐色。菌落初期为白色粉粒状，后期呈粉红色的绒毛状。

2. 症状　链孢霉是高温季节香菇生产的重要竞争性杂菌。周围环境存在链孢霉菌源和菌袋制作不规范，都容易引发链孢霉的侵染。链孢霉菌丝生长很快，试管内 2 天可长满菌丝，3 天可产生橘红色的分生孢子，5 天菌丝可生长至棉花塞外，并长出橘红色的孢子团（图 5-4）。孢子粉随着空气扩散到其他菌袋袋口和破袋处重复感染，或随工作人员手、衣服表面等携

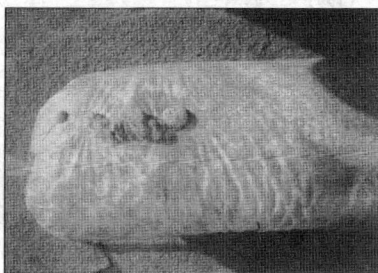

图 5-4　链孢霉侵染香菇菌棒

带到另一菌种房重复污染。高温季节生产的香菇菌袋极易遭受链孢菌侵染危害。

3. 发病条件　链孢霉在自然界中广泛存在，在高温期常出现于潮湿的玉米芯表面。病菌耐高温，在 25～35℃下生长很快。分生孢子的产生需要大量氧气，在密闭的菌种瓶内菌丝生长瘦弱，难以形成孢子，菌丝往往长出瓶口再产生大量孢子团。

4. 防控方法　做好菌种生产和发菌场所的清洁卫生是关键。一旦发现个别菌袋长出链孢霉菌，立即用塑料袋套上，放入火中烧毁。另可参照木霉防控方法。

（五）细菌

1. 病原　对香菇危害较常见的细菌种类主要有枯草芽孢杆菌黏液变种（*Bacillus subtilis* var. *mucoides*），蜡状芽孢杆菌黏液变种（*Bacillus cereus* var. *mucoides*），假单胞杆菌（*Pseudomonas* spp.），黄单胞杆菌（*Xanthomonas* spp.）和欧文氏杆菌（*Erwinia* spp.）等。其中，枯草芽孢杆菌菌落外观见图 5-5。

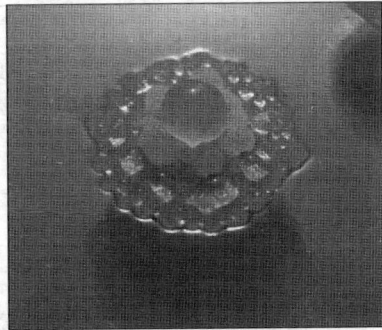

图 5-5　枯草芽孢杆菌菌落外观

2. 症状　污染香菇等食用菌培养料的细菌种类较多，分为嗜热性细菌、中温性细菌和低温性细菌。细菌污染后培养料表现为水渍状、酸败、湿腐、黏液和腐烂等症状，具有强烈的酸臭味。

香菇熟料栽培的菌袋，营养丰富、水分充足，接种时或发菌期间受中温性细菌污染，菌袋培养料局部出现湿斑，香菇菌丝生长缓慢，导致出菇期延迟，产量下降。细菌繁殖所产生的毒素强烈抑制香菇菌丝萌发和生长，在生产中常因细菌污染导致大量菌种和菌棒报废。

3. 发病条件 细菌广泛存在于自然界中，在培养料、地表水、土壤和空气中都有大量芽孢和菌体存在，工作人员的手上也存在大量的细菌菌体。芽孢耐高温，灭菌温度不够或灭菌时间不足都能造成芽孢在灭菌过程中杀灭不彻底，接种后在发菌阶段细菌芽孢再次萌发生长。发菌期菇房卫生条件差，菇房通气不良，湿度偏大时都会诱发细菌的污染，导致产量和品质受到损失。

4. 防控方法

（1）培养料灭菌需彻底，灭杀培养料中的细菌芽孢和菌体，防止高压锅漏气或产生灭菌死角。

（2）香菇菌种必须优良纯净，不用带有细菌的菌种。

（3）发菌室保持干燥通风，清空菇房后用 40% 二氯异氰尿酸钠 1 000 倍液冲洗菇房，并用高锰酸钾和甲醛熏蒸，再通风晾干后使用。也可用臭氧消毒机处理空菇房 4～6 小时，可有效杀灭空气中所有微生物的孢子和菌丝体。

二、寄生性病害

（一）香菇蛛网丝枝霉病

1. 病原 病原为蛛网丝枝霉菌（*Lecanicillium aphanocladii* Zare & W. Gams），属子囊菌门（Ascomycota），粪壳菌纲（Sordariomycetes），肉座菌亚纲（Hypocreomycetidae），肉座菌目（Hypocreales），丛壳菌科（Nectriaceae）。气生菌丝有分隔和分枝，灰白色，在分隔处或沿匍匐菌丝的两侧，产生分生孢子梗，瓶梗状、单生、对生及轮生，梗端着生分子孢子。分生孢子卵圆形，单孢光滑，无色，成熟后瓶梗很快萎缩成线状。

2. 症状 子实体生长期发病时，菌盖上出现褐色稍凹陷的病斑，形状大小不一，病斑边缘的颜色较深，中间部位灰白色，有时病斑出现裂纹。在潮湿条件下，病斑表面长出灰白色霉状物，菌肉组织溃烂，也危害蘑菇、平菇、猴头菇等子实体。

3. 发病条件　该病菌生活在土壤、有机质上。一旦进入菇房，分生孢子靠气流、喷水、操作工具及菇蚊等昆虫扩大传播。菇房高温高湿及通风不良有利于该病的发生，长江流域春菇和夏菇发生较重。

4. 防治方法

（1）协调好菇棚保水与通气之间的关系，夏菇宜安排在沙土上栽培，棚上遮阴要好，并要保持良好通风。

（2）防止棚内发生菇蚊和菇蝇害虫，以杜绝害虫带菌。

（3）及时清除病菇并集中处理，防止病菌孢子扩大传播。

（二）香菇褐腐病

1. 病原　病原菌为荧光假单胞杆菌（*Pseudomonas fluoresens* Migula）（图5-6）。病菌在香菇组织的细胞间隙中繁殖，该病多发生于含水量多的段木或菌筒上。在夏季覆土的香菇上发病较多，在气温20℃以上的菇棚春季发病较明显。

2. 症状　香菇褐腐病是引起香菇子实体褐色腐烂的一种病害。发病初期，新长出的菇蕾上出现黄褐色小点。随着子实体长大，病斑扩大，在病斑处渗出黄色液汁，并有臭味。出现病症后

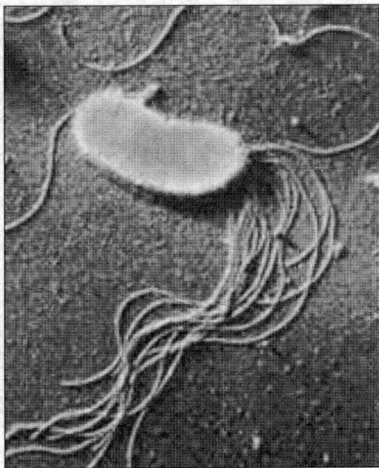

图5-6　荧光假单胞杆菌个体形状

子实体停止生长，菌盖、菌柄和菌褶变褐色，最后腐烂。

3. 防治方法

（1）选择地势较高、排灌水方便的场地，在土质疏松的沙土

栽培。

（2）夏季栽培选用耐高温的品种，用清洁的水喷淋加湿。

（3）发病后及时摘除病菇，停止浇水，加强通风，在棚内喷雾 40%二氯异氰尿酸钠和链霉素 500 倍，隔 5 天后再次施用。地面喷施 3%石灰水可有效地控制病害蔓延。

（三）香菇段木黑腐病

1. 病原　病原菌主要是：①黑肉座菌 [*Hypocrea nigricans* (S. Imai) Yoshim. Doi]，属子囊菌门（Ascomycota），粪壳菌纲（Sordariomycetes），肉座菌亚纲（Hypocreomycetidae），肉座菌目（Hypocreales），肉座菌科（Hypocreaceae）；②分生孢子阶段为哈济木霉（*Trichoderma harzianum* Rifai），属子囊菌门（Ascomycota），粪壳菌纲（Sordariomycetes），肉座菌亚纲（Hypocreomycetidae），肉座菌目（Hypocreales），肉座菌科（Hypocreaceae）；③施氏肉座菌 [*Hypocrea schweinitzii* (Fr.) Sacc.]，属子囊菌门（Ascomycota），粪壳菌纲（Sordariomycetes），肉座菌亚纲（Hypocreomycetidae），肉座菌目（Hypocreales），肉座菌科（Hypocreaceae）；④分生孢子为长梗木霉（*Trichoderma longibrachiatum* Rifai），属子囊菌门（Ascomycota），粪壳菌纲（Sordariomycetes），肉座菌亚纲（Hypocreomycetidae），肉座菌目（Hypocreales），肉座菌科（Hypocreaceae）；⑤幕氏肉座菌（*Hypocrea muroiana* I. Hino & Katum.），属子囊菌门（Ascomycota），粪壳菌纲（Sordariomycetes），肉座菌亚纲（Hypocreomycetidae），肉座菌目（Hypocreales），肉座菌科（Hypocreaceae）。病菌子实体直径 4～12 毫米，厚 1～2 毫米，以基部着生在段木上，相互重叠成不整齐的栅条状。成熟时表面波曲状，散生暗色的小粒点，未成熟的灰绿色，不久由茶褐色变成黑褐色，内部肉质白色。

2. 症状　黑腐病是引起香菇段木腐烂变黑的一种病害。被感染的段木韧皮部出现淡褐色，后转变为青绿色，最后变为黑色，并发生特殊的臭味。发病后期树皮易脱落，常出现黏菌感染。

3. 发病条件 病菌生存于枯木和富含腐殖质的土壤中，冬季温暖或梅雨季节易多发，高温高湿易引发病菌侵入，发生此病。雨后段木病发处能观察到此菌的孢子。这是病菌的孢子世代，剥开树皮会发现有紫褐色带状的线，即香菇菌丝体被杀死的痕迹。长时间处于直射光照下的段木，香菇菌丝死亡部分逐渐扩大，紫褐色线条会更清楚。

4. 防治方法

（1）在冬季树木休眠树液停止流动之后才能砍伐，并保持60天以上的菇木抽水干燥期后再开始接种。

（2）选择通风和排水方便的菇场。堆码发菌时，段木之间的距离应尽量加宽，堆码期间要翻堆。接种穴上涂蜡封口，防止积水。

（3）菇场要搭遮阳棚，防止日光直射菇木。温室栽培也要用遮阳材料遮蔽。如果害菌轻微发生，及时把段木移到阴凉处，可使段木恢复健康。

（四）香菇病毒病

1. 病原 香菇病毒有6～7种，分为球形、丝状和棒状三大类（图 5 - 7）。丝状病毒样粒子大小为 17 纳米 × 200 ～ 1 700 纳米；球形病毒样粒子大小为 28 纳米 × 280 ～ 300 纳米等。大部分香菇菌株中都检出丝状病毒样粒子，子实体比菌

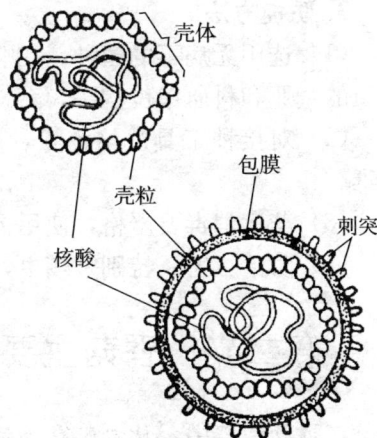

图 5 - 7 病毒粒子基本结构示意

丝体更能检出丝状病毒样粒子。不论是野生香菇还是栽培香菇中都能检出球状病毒样粒子，没有发现无病毒样粒子的香菇。检出棒状病毒样粒子的香菇菌株较少，检出率也低。在这些病毒样粒子中，球形粒子含有核酸和蛋白质，具有双链核糖核酸。

最近几年随着中国香菇生产的发展，各省都发现被病毒侵染的香菇菌种。病毒主要靠菌丝和孢子传播。若用带毒的菌种接种，或带毒的担孢子落到无病的菇床上，都会导致发病。

2. 症状　香菇病毒普遍存在于子实体中。在未发病的情况下，带病毒的菌丝在生长速度或子实体产量上与正常菌种均没有什么差异。发病后的菌丝在 PDA 培养基上表现为菌落发黄，菌丝只在种块上向上伸长，难以在培养基上吃料，发菌速度慢，且稀疏。在栽培袋上则产生退菌斑，即菌丝尚未发到底，上面的菌丝已开始消退，产生一块块秃斑。开袋后，菌棒气生菌丝少，难以转色。出菇期症状表现为菌柄肥大，菌盖球形，或是菇体细小而薄，提早开伞。

3. 防控方法

（1）选用无病毒的菌种，在购买菌种时，应向具有菌种生产资质的企业和科研单位购买。

（2）对接种工具严格消毒，用过氧乙酸熏蒸能有效地杀死病毒。

（3）菇房消毒要严格，使用 70℃蒸汽熏蒸 2 小时以上。

（4）防治虫害，特别是螨虫，虫害能传播香菇病毒。

第二节　香菇主要虫害及防治方法

在香菇栽培中，营养丰富的栽培基质为害虫提供了充足的食源，供其生长和繁殖。在发菌阶段，香菇菌丝散发的特有气味能招来许多害虫的取食和繁殖；在后期出菇阶段，害虫能继续啃食香菇子实体，造成香菇出现斑点、缺刻、孔洞等；在贮藏阶段，干燥的香菇也能引起害虫的发生，造成香菇商品性的下降，影响销售。总之，在香菇不同栽培方式的栽培过程中，有多种虫害会发生侵害，造成香菇产量的减少和品质的下降。本节介绍不同栽培方式下，香菇主要虫害的种类、特征及防治方法。

一、双翅目害虫

（一）多菌蚊

属于双翅目，长角亚目，菌蚊科，多菌蚊属。该属有古田山多菌蚊（*Docosia gutiuushana*），中华多菌蚊（*Docosia sinensis*），俗称菇蚊或菇蛆。以古田山多菌蚊为主要优势种。

1. 形态特征

成虫：体长 3.5～4.5 毫米，翅与腹部等长，头嵌入胸末，不凸起，单眼通常远离眼眶，眼后无鬃毛，前胸背板上具稀疏刚毛。口器通常短于头部（图 5 - 8）。

卵：通常椭圆形，乳白色。幼虫借助于一个几丁质的小助卵器破壳。

幼虫：通常细长，老熟幼虫体长 4～6 毫米。体白色，有一明显的黑色

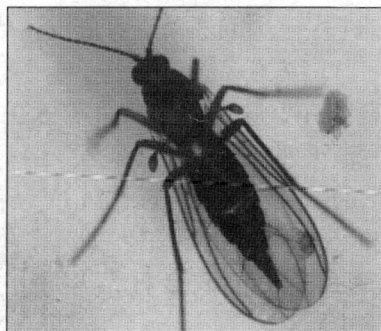

图 5 - 8　多菌蚊成虫

头囊，头囊密闭，不可伸缩，上颚相对，处于同一平面上（图 5 - 9）。

蛹：大多在室内化蛹，有茧或无茧，一般在附近有菌的土壤里。黑暗中，有时会在疏松的茧里化蛹，蛹期十分短。

2. 危害症状 菌蚊是食用菌栽培中最重要的害虫之一，在香菇出菇期有少量发生。其幼虫直接危害香菇菌丝体和菇体，钻蛀幼嫩的菇体，造成菇蕾死亡。并且其成虫可携带螨虫和病菌，造成二次污染，形成多种病虫害同时发生危害，对香菇产量和品质都造成影响。

3. 防控方法

（1）选择合适的栽培场地

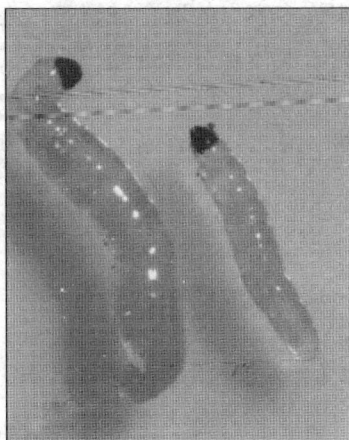

图 5-9　多菌蚊幼虫

栽培场地干净卫生并且向阳，场地周围 50 米范围内没有水塘及腐烂堆积物，减少多菌蚊生存场所，降低虫源，从而减少危害程度。

（2）物理防控　菇房悬挂紫外诱虫灯或黄色黏虫板，每隔 10 米挂一盏，可诱杀大量成虫，减少虫源。

（3）药剂防治　在菇房或袋口有少量成虫出现时，及时消灭外来的初始虫源是防治的关键时段，可选择对人和环境安全的药剂，如 Bt 杀虫剂（苏云金杆菌）和除虫脲等。

（二）闽菇迟眼蕈蚊

闽菇迟眼蕈蚊（*Bradysia minpleuroti* Yang et Zhang）属双翅目，眼蕈蚊

图 5-10　闽菇迟眼蕈蚊

科（或眼菌蚊科），异名黄足菌蚊（图5-10）。

1. 形态特征

成虫：雄虫体长2.7～3.2毫米，暗褐色，头部色较深，复眼有毛，眼桥小。下颚须基节较粗，足基节和腿节污黄色，转节黄褐色，胫节和跗节暗褐色，腹部暗褐色。雌虫较大，体长3.4～3.6毫米；触角较雄虫短，腹部粗大，端部细长。

卵：长圆形，长0.24毫米，宽0.16毫米，初期淡黄色，半透明，后期白色，透明。

幼虫：初孵化体长0.6毫米，老熟幼虫6～8毫米，体乳白色，头部黑色，圆筒形。

蛹：在薄茧内化蛹，蛹长3～3.5毫米，初期乳白色，后期黑色。

2. 危害症状　闽菇迟眼蕈蚊能侵害南方地区秋冬季毛木耳、鲍鱼菇、凤尾菇、蘑菇等，以幼虫咬食菌丝、原基和菇体。菌棒被危害后会造成退菌，原基消失，菇蕾萎缩，缺刻和菇体孔洞等症状。被害部位呈糊状，颜色变黑，菇质呈现黏糊状，继而感染各种病菌，造成菇袋污染报废。

3. 生活习性　闽菇迟眼蕈蚊在福建漳州、龙海、莆田等地发生多，危害重。温度低于13℃时，幼虫活动缓慢。温度在16～26℃，幼虫大量取食和繁殖。在这个温度范围内，幼虫期10～15天，蛹期4～5天，成虫3～4天，卵期6～7天，产卵量100～300粒，以蛹或卵的形式越夏，以蛹或成虫的形式越冬。每年发生2～3代。

4. 防控方法

（1）合理选择栽培季节与场地．选择不利于闽菇迟眼蕈蚊的季节和场地栽培。错开出菇期和蕈蚊活动期，菇房向阳，内无积水，无腐烂堆积物，减少蕈蚊寄宿场所，减少虫源，降低危险程度。

（2）多品种轮作，切断蕈蚊食源。

（3）重视培养料前处理　可在接种前喷施 4.3%高氟氯氰甲阿维（高效氟氯氰菊酯·甲氨基阿维菌素）或 25%除虫脲 2 000倍液。

（4）物理防控，诱杀成虫　在成虫羽化期，菇房上空悬挂黄光杀虫灯，每隔 10 米挂一盏灯，晚间开灯，早上熄灭，诱杀成虫。无电源的菇棚可用黄色黏虫板悬挂于菇棒上方，黄板黏满成虫后换新虫板。

（5）药剂防控，对症下药　选用对人和环境安全的药剂，如菇净、Bt 杀虫剂（苏云金杆菌）、甲氨基阿维菌素等低毒农药。菇净和甲氨基阿维菌素用量为 1 000 倍，Bt 杀虫剂可用 4 000～8 000 菌落每微升悬浮剂，整个菇场要喷透、喷匀。注意事项，用 Bt 杀虫剂需在气温 18℃以上，宜傍晚喷药。随配随用，不能与其他杀菌剂混用，药剂应保存避光、阴凉处。

（三）真菌瘿蚊

瘿蚊属长角亚目，瘿蚊科，菌瘿蚊属。危害食用菌的瘿蚊有真菌瘿蚊（*Mycophila fungicola*），异翅瘿蚊（*Heteropera pygmaen* Winnertz），以真菌瘿蚊为常见种。

1. 形态特征

成虫：成虫似细小家蝇，体长 1.07～1.12 毫米，触角念珠状，头黑色，复眼较大，左右连接，腹、足和平衡棍均为橘红色或淡黄色（图 5-11）。

卵：长圆锥形，长 0.23～0.26 毫米初产时呈乳白色，以后慢慢变为橘黄色。

幼虫：幼虫呈纺锤形蛆状，有性繁殖孵化的幼虫（图 5-12），体长 0.20～0.30 毫米，白色；无性繁殖破壳复生的幼虫，长 1.3～1.46 毫米，淡黄色；老熟幼虫体长 2.3～2.5 毫米，橘红色或淡黄色，无足，在中胸腹面有一个端部分叉的红褐色或黑色的剑骨。

图 5-11　真菌瘿蚊成虫

图 5-12　真菌瘿蚊幼虫

蛹：蛹倒漏斗形，前端白色，半透明，后端腹部橘红色或淡黄色，蛹长 1.3～1.6 毫米，头顶 2 根毛，随时间延长，蛹的复眼和翅芽转为黑色。

2. 危害症状　瘿蚊危害期主要在秋冬春季的中低温时期，以幼虫侵害多种食用菌的菌丝和菇体。在丰富的食源中，幼虫很快在培养料和菇体的菌褶内繁殖，咬食菌丝和菇体。带虫的菇体降低了商品性。瘿蚊幼虫也能携带杂菌，致使病菌在伤口上侵入而引发病害。

3. 生活习性　在温度 5～25℃，瘿蚊能取食食用菌菌丝和菇体并以母体繁殖，3～5 天繁殖一代。每只雌虫产出 20 多条幼虫，虫口数量迅速递增，短时间内在菇体中出现橘红色和虫体。干燥时，虫体密集结成球状，以保护生存。温度在 5℃以下时，以幼虫形式在料中休眠越冬，在 30℃以上时，虫体转为蛹的形式越夏，当温湿度适宜时成虫产卵，进入下一世代繁殖，成虫羽化多在午后 4 时前后。

4. 防治方法　熟料栽培，发菌场所保持适当的低温和干燥，能有效地控制瘿蚊危害，药剂防治参照闽菇迟眼蕈蚊。

二、鞘翅目害虫

凹黄蕈甲（*Dacne japonica* Crotch），又名细大蕈甲、凹赤

蕈甲（图5-13），属鞘翅目，大蕈甲科。

1. 形态特征

成虫：体长3～4.5毫米，长椭圆形，有光泽，头部黄褐色，触角11节，褐色。

幼虫：初孵化长0.8毫米，老熟5～6毫米，黄白色，头部棕褐色，足淡黄色。

图5-13　凹黄蕈甲

2. 危害症状　成虫和幼虫食性杂，能咬食多种食用菌和其他食物。成虫啃食段木裂缝或孔洞边缘的菌丝体，子实体发生后转移到菌柄和菌盖上取食。幼虫多从表皮蛀入木质部或菌袋内，纵横交错地蛀食菌丝体和子实体，形成弯曲的孔道，对食用菌的产量和品质影响很大。

3. 生活习性　一年发生2代，在室内可发生3代，以老熟幼虫和成虫越冬。4月上旬开始活动，4月中旬至5月下旬产卵。成虫有假死性，喜群居，5月下旬至6月孵化幼虫，6月下旬化蛹，7月下旬化为成虫，8月中旬交尾产卵。

4. 防控方法

（1）做好栽培场所的卫生，铲除菇棚周边杂草减少虫害中间寄主。

（2）发现有凹黄蕈甲的子实体，放入5℃以下冷库3～5天，能将害虫冻死。

（3）带虫的段木或子实体可用磷化铝密封熏蒸杀虫。

三、跳虫

危害香菇的跳虫种类主要有长角跳虫（*Entomobrya sauteri*，图5-14）和黑角跳虫（*Entombrya sauteri*，图5-15）等。

图 5 - 14　长角跳虫

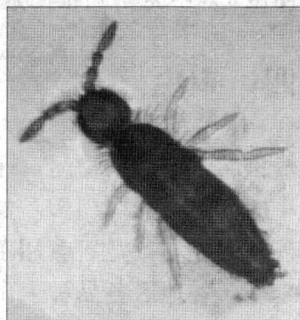

图 5 - 15　黑角跳虫

1. 形态特征　跳虫体型较小，体长 1.0～1.5 毫米，最长不超过 5 毫米，淡灰色至灰紫色，有短状触角，身体柔软，常在培养料或子实体上快速爬行，尾部有弹器，善跳跃，跳跃高度可达 20～30 厘米。体表有蜡质层，不怕水。幼虫白色，体形与成虫相似，休眠后蜕皮，多群居，银灰色如同烟灰，故又名烟灰虫。

2. 危害症状　跳虫食性杂，危害广，取食多种食用菌的菌丝和子实体，同时携带螨虫和病菌，造成菇体二次感染，常在夏秋高温季节暴发，跳虫取食菌丝，导致退菌。菇体形成后，跳虫群居于菌盖、菌褶和根部咬食菌肉，造成菌盖遍布褐斑、凹点或孔道，排泄物污染子实体，引发细菌性病害。跳虫暴发时，菌丝被食尽，导致绝产。

3. 生活习性　温度 15℃以上，跳虫开始活动，4～11 月为跳虫繁殖期。中间寄主是腐败的植物、杂草等有机物。

4. 防控方法

（1）保持栽培场所卫生　可用硫黄熏蒸菇房，清除菇房外围 20 米之内的杂草、垃圾、填平坑洞，防止积水引发跳虫繁殖。

（2）化学防治　可在培养料中拌入 25％的除虫脲 4 000 倍，防治发菌期的虫害；出菇期发现虫害，可在采完菇后用药剂处理，使用 1％甲氨基阿维菌素 1 000 倍液结合喷水防治。

四、螨虫

螨虫属于节肢动物门，蛛形纲，蜱螨亚纲，蜱螨目的一类体型微小的动物（图 5-16），身长一般在 0.5 毫米左右，危害食用菌的螨虫种类繁多，各地区各品种上出现的螨虫种类又有所不同。

对香菇危害较大的螨虫主要为腐食酪螨（*Tyrophagus putrescentiae* Schrank），属于粉螨科，食酪螨属。

1. 形态特征

成螨：体型卵圆，柔软光滑，体长 0.28～0.42 毫米，污白或乳白色，雄小于雌，体前区与体后区有一横缢

图 5-16　螨　虫

分界，无眼，无触角，口器为锯状螯肢，躯体上生长许多刚毛。足 4 对，跗节末端一爪。

卵：白色，长椭圆形，长 0.08～0.12 毫米。

幼螨：体乳白色，体型与成螨相似，体长 0.12～0.15 毫米，足 3 对。

若螨：体型与成螨相同，第 1 龄若螨体长 0.20～0.22 毫米，第 2 龄若螨体长 0.32～0.36 毫米，足 4 对。

2. 危害症状
螨虫取食多种食用菌菌丝体和子实体。螨虫群居于菇根部取食菌根，可致使菇体干枯而死。螨虫危害菌丝造成退菌，培养基潮湿松散，只剩下菌索，失去出菇能力。螨虫携带病菌，造成病害二次感染，菌棒报废。

3. 生活习性　螨虫从幼螨、若螨到成螨的成长过程中，都存在取食危害。螨虫喜高温，有些螨能幼体繁殖，因此繁殖量大，繁殖速度快。螨虫以成螨或卵的方式在复式层架间隙内越冬，在温度和养料充足的时候继续危害。菇房一旦出现螨虫，短期内难以控制，连续几年都会出现螨虫危害。

4. 防控方法

（1）**选用无螨菌种**　种源带螨是导致菇房螨害暴发的主要原因。菌种厂应保证菌种质量，提供生命力强的纯净菌种。菇农应到有菌种生产资格的菌种厂购买菌种。

（2）**菇房消毒**　菇房内需经过消毒，菇房层架宜选用无机材料，减少螨虫的滋生场所，也便于消毒处理。

（3）**化学防治**　选用安全高效的杀螨剂，4.3%菇净 1 000 倍液喷雾，5 天后再用 10%的浏阳霉素乳油 1 000～1 500 倍液均匀喷雾。在下一潮菇的间隙，可用 240 克/升的螺螨酯悬浮剂 3 000～5 000倍液喷雾一次，可以控制螨虫的危害。

第六章

香菇产品的储运和加工技术

随着我国香菇生产规模的日益扩大，以及香菇产品普遍季节性上市的现状，香菇鲜销市场的竞争性越来越大。新鲜香菇含水量高，组织柔嫩，在采摘、运输、装卸和贮藏过程中极易造成损伤，容易引起变质腐烂，香菇产品的储运显得尤为重要。另外，目前我国的香菇产品仍然以鲜菇和干品出口为主，产品几乎无任何附加值，这对香菇产业的持续发展是不利的。而发展香菇深加工产业对带动香菇产业发展、促进劳动力就业、促使菇农致富等都会产生积极的作用。

第一节　香菇储运和保鲜技术

香菇采收后子实体在常温下放置会出现萎缩、褐变、失水、变质、产生异味等各种变化而降低其商品价值。食用菌保鲜就是根据食用菌采收后的生理变化特点，采用适当的物理、化学或综合方法抑制后熟过程，降低代谢强度，防止微生物侵害，使其新鲜品质不发生明显变化，减少失重，以保持其营养和商品价值，从而延长鲜菇的储运时间。

一、鲜香菇的储运方法

1. 采收　香菇的采收应根据其商品要求、用途及当地气候条件来确定采收标准。若以鲜菇销售为主要目的，应在香菇子实体六七分成熟，菌膜未破时采收。新鲜香菇含水量高、肉质肥厚，采收时应避免挤压，使用通风透气的容器盛放。

2. 排湿 香菇子实体刚采摘下来后含水量很高，一般在70%～90%。如要包装和储运，必须首先进行排湿处理。目前香菇排湿的方法主要有以下两种：

（1）**自然摊晾排湿** 将香菇菇盖倾斜向上均匀排布在晾晒席上，根据香菇含水量的多少及气候条件来确定晾晒的时间。一般情况下夏菇需晾晒 1～2 小时，秋冬菇 3～6 小时，春菇 6～7 小时，具体时间应根据各地实际情况确定。此方法简单方便，成本低廉，不需要特殊设备，但是受气候影响较大。

（2）**加热排湿** 将香菇菇盖朝下，均匀摆放在竹制或不锈钢烘干席上，置于烘干箱内，在 40℃排湿。此种方法需要一定的设备和资金投入，但适宜于大规模香菇排湿，不受季节和气候的影响。

3. 分级和包装 排湿后的香菇子实体经过分级、剪柄、称量等程序，然后经 4℃冷库冷处理 4 小时，最后按照销售要求进行鲜菇包装。

4. 运输 鲜菇按要求包装结束后要及时进行运输，一般在温度低于 15℃时可用普通卡车运输，但温度高于15℃时则必须使用冷藏车（图 6-1）运输。香菇的保鲜时间与贮藏运输的温度直

图 6-1 冷藏车（于海龙）

接相关，一般在 1℃可保鲜 18 天，6℃可保鲜 14 天，15℃可保鲜 7 天。

二、香菇的保鲜方法

（一）低温保鲜方法

低温保鲜是食用菌最常用的保鲜方式之一。低温不仅可以抑制食用菌中各种酶的活性，降低生理代谢活动，而且可以抑制各种微生物的活动。香菇的低温保鲜一般采用的温度为 0～5℃。

1. 低温保鲜的主要方式

（1）冰藏　通过采集天然冻结的冰或者人工制冰，建造冰窖进行低温贮藏。

（2）机械冷藏　在冷库内利用机械制冷系统使冷库内温度降低，以达到保鲜目的。

2. 低温保鲜的步骤

（1）冷空气循环　将鲜香菇摊放在太阳下晾晒或置于烘房内，在 30～35℃下烘烤至三成干左右，以增加菇体可塑性，改善菇体贮藏后的外观形状。

（2）预冷　在香菇进入冷库之前，人为降低菇体表面的温度，使其接近贮藏温度。预冷要根据各种鲜菇对贮藏温度的要求，采取逐步降温冷却的方法，直至降到贮藏温度。

（3）冷库温度选择　各种食用菌最适宜的冷藏温度略有不同，一般为 0～8℃，在这一温度范围内贮藏 72 小时，菇体虽略变小，但质地仍较硬，不开伞，无异味。

（4）冷库湿度选择　由于食用菌子实体的含水量高，并且子实体直接与空气接触，为了维持新鲜菇体的膨胀状态，防止萎蔫，冷库需维持较高的相对湿度，一般为 80％，可通过对库房地面洒水或开启冷藏的增湿设备来保持冷库湿度。

（5）冷库空气循环　冷库应配有鼓风机、风扇等通风设备，以使空气分布均匀。

（6）定期通风换气　在冷库中的鲜菇仍有微弱的呼吸作用，

菇体通过呼吸消耗冷库中的氧气同时释放出二氧化碳、乙烯、乙醇、乙醛等气体，当这些气体达到一定浓度时会导致鲜菇生理失调和品质变坏，此外冷库还要求空气及温度要均匀一致，因此冷库要定期通风换气。

（7）货架低温　可采用鼓风制冷技术，由抽风机把经过冷库冷却的低温高湿空气送到货架上，使用穿孔塑料周转盒盛载鲜菇并使用单向透气薄膜覆盖其表面，使鲜菇从贮藏至销售过程均保持特定的低温状态。

（二）低温速冻保鲜

低温速冻保鲜是指在低温（－40～－30℃）下，将保鲜物快速由常温降至－30℃以下贮存。低温速冻贮藏的食用菌能在相当长的时间内保持鲜菇特有的品质和风味。速冻前要对鲜菇进行杀青烫煮以排除菇体内空气，促使菇体中水分溢出，抑制酶活性，从而减少微生物污染概率。具体操作方法是：先将水煮沸，然后在沸水中加入0.3％的柠檬酸，最后将鲜菇加入迅速煮沸并维持1.5～2.5分钟。煮沸后的鲜菇应迅速冷却，以防止菇体软化、失去光泽和弹性（煮沸后的菇体要求熟而不烂，有弹性，有光泽）。

图6-2　低温速冻香菇（于海龙）

冷却应分级进行，先用10～20℃水冲淋，再移入3～5℃流动水中继续降温，并要在15～20分钟后将温度降到－10℃以下（图6-2）。

（三）负离子保鲜

负离子保鲜方法是利用空气中的负离子能有效抑制菇体的生

理生化代谢过程，并能起到净化空气作用的原理来实现保鲜的方法。使用负离子保鲜食用菌不但成本低廉，操作方法简单，而且负离子对环境和人体没有危害，也不会在菇体上残留有害物质。负离子保鲜产生的臭氧，遇到抗体便会分解为氧气，不会聚集。

具体操作：选择当天采集的六至七分成熟的新鲜香菇，不经洗涤，封藏在 0.06 毫米的聚乙烯塑料薄膜袋中，在 15～18℃下存放，每天用负离子处理 1～2 次，每次 20～30 分钟，负离子的浓度为每立方米 $1×10^5$ 个。

三、香菇的贮藏方法

（一）气调贮藏

气调贮藏是指通过调节食用菌贮藏环境中的空气组分或比例来抑制食用菌子实体的呼吸作用，从而达到产品保鲜的目的。

1. 薄膜封闭气调贮藏

（1）垛封法　将鲜香菇放在通气的塑料筐内，四周留空隙码放成垛，垛四周用聚乙烯薄膜封闭，利用菇体的呼吸作用降低氧气浓度，增加二氧化碳浓度，达到气调贮藏的目的。可以在垛底撒放适量的消石灰以吸收过量的二氧化碳，避免对菇体造成毒害。

（2）袋封法　将鲜菇装在聚乙烯塑料薄膜袋内扎紧袋口放在贮藏货架上，通过挤压或抽真空排出袋内空气后达到真空包装的目的，如果再配合冷藏保鲜效果会更好。也可采用定期调气或打开袋口放气换气后再封闭的方法。或者采用较薄的薄膜袋或单向透气薄膜，由于其本身有一定的透气性，能达到自然气调的目的。目前国内食用菌保鲜贮藏常采用这种方式。

（3）硅窗自动调气贮藏　利用硅橡胶窗调节气体，维持袋内高二氧化碳、低氧气浓度的环境，可达到抑制菇体呼吸的目的，同时也不会引起二氧化碳毒害，是一种较理想的气调方法。

2. 气调冷藏库贮藏

（1）普通气调贮藏　根据冷藏库中气体成分分析，可开（关）通风机，控制氧气量，开（关）二氧化碳洗涤器，控制二氧化碳量。用这种方式降低氧气量和增加二氧化碳量较慢，对冷库气密性要求高，但所需费用低。

（2）充氮式机械气调贮藏　在氮气发生器中，用某些燃料（如酒精）和空气混合燃烧，燃烧后的空气经过净化，剩下的主要是氮气，并混有少量的氧气，以及氧气燃烧后生成的二氧化碳。用这种方法可降低冷库中氧气浓度，增加二氧化碳浓度，达到气调贮藏的目的。这种方式对冷藏库的气密性要求低，但所需费用较高。

（3）再循环式机械气调贮藏　将库内空气引入燃烧装置，使氧气燃烧变成二氧化碳，当二氧化碳浓度达到要求时，开启二氧化碳洗涤器，当氧气浓度达到要求时便停止燃烧。使用此种方法可调节冷库中气体的组成比例。

（二）辐射贮藏

用^{60}Co（^{137}Cs）的 γ 射线或用经加速的、能量低于 10 兆电子伏的电子射线来处理鲜菇，使菇体细胞中的水分子与生物化学活性物质电离或处于激发态，以达到直接或间接抑制核酸合成，钝化酶分子，引起胶体状态变化，从而减缓菇体开伞及其他代谢反应，可抑制褐变并增加持水力，同时可达到抑制或杀死腐败微生物和病原菌的目的。

辐射贮藏与化学贮藏相比，无化学残留；与低温贮藏相比，可节约能源。辐射贮藏效果好，而且可连续作业，易于进行自动化操作。其保鲜效果与照射剂量、温度有关，因此，适当的辐射剂量并结合冷藏效果会更好。

（三）负离子贮藏

空气中的负离子不但可以抑制菇体生理生化代谢过程，还能起到净化空气的作用。负离子发生器在产生负离子的同时还产生臭氧，臭氧具有很强的氧化能力，有杀灭细菌和抑制机体生理活性的作用，臭氧遇到有机体会分解，不会聚集；负离子与空气中正离子结合则消失，不残留有害物质。因此，负离子对菇体有良好的杀菌保鲜作用，其应用成本低，操作简便。将鲜菇装袋，每天用负离子处理 1～2 次，每次 20～30 分钟，负离子浓度为 1×10^5 个/米^3 时能较好地延长鲜菇的货架期。

第二节　香菇加工技术

近年来随着香菇产业的发展，香菇生产规模和产量不断增长，香菇加工逐步成为香菇生产者以及食品加工企业关注的热点。香菇加工不但可以解决鲜菇集中上市而造成的供大于求的矛盾，而且可以增加产品的附加值。

香菇加工分为初级加工和精细加工。初级加工主要是指香菇在加工过程中仍然保持子实体的外观特征，如干制、腌制、罐头制品等。精细加工是指在加工过程中，通过提取香菇子实体中的有效成分，制成如酱油、护肤品、保健品和药物等产品。

一、香菇初级加工技术

（一）香菇干制技术

1. 香菇干制原理　干制是指在热力作用下将香菇子实体脱出一定量的水分，同时尽量保持香菇原有风味的一种加工方法。一般刚采收的香菇子实体的含水量高达 70%～90%，香菇干制的目的就是使用热力将子实体中的水分降低，使子实体中可溶性物质的浓度增加到微生物难以利用的程度，同时降低香菇子实体自身的新陈代谢活动。另外，在香菇子实体干燥脱水的同时，子实体上的微生物细胞也同时在脱水，脱水后的微生物长期处于休眠状态，其新陈代谢和繁殖速度都会大大降低，从而延长了香菇子实体的保存时间。

2. 香菇干制技术

（1）晒干法　对采收的鲜香菇要及时处理，将香菇摊晾在竹席上并暴露于阳光下，利用太阳的辐射能使鲜菇脱水干燥，降低子实体的含水量。晾晒时将菇盖向上，菇柄向下，每晾晒半个小时翻动一次。一般在晴天晾晒3～5天便可晒干。晾晒时间越短，干菇品质越好。此种方法操作简便、成本低，比较适合阳光照射时间长，通风良好的地方。

实际操作中，通常会将香菇晒至半干，再以热风强制脱水，完成的干制品色形俱佳，质量上乘，商品价值高，这是香菇干制作业中比较常用的方法。

（2）烘箱干燥法　目前，烘箱是最主要的香菇烘干设备（图6-4）。将鲜香菇切除菇柄，摊放在烘筛上，放入烘箱内，进行

图6-3　香菇晾晒

烘烤。

图 6-4 烘 箱

注意控制烘箱内的温度，烘烤初期烘箱内的温度宜掌握在30～35℃，温度缓慢上升，一般每小时升高 2℃ 为宜。升温过快，菇体表面迅速收缩，会造成菇体内部水分排除困难，轻则造成菇体缩皱，表面形成波浪状；重则造成菇体表面形成硬壳，使菌褶变黑而不易烘干，所制得的香菇干品品质严重下降。

经过 6～8 小时的烘烤，鲜菇水分大部分已经散失，此时应调整烘筛在烘箱中的位置，上风口的烘筛与下风口的烘筛对调，上层的烘筛与下层的烘筛对调，同一烘筛内的香菇，如干燥程序差别大的，也应捡出作适当调整，要求干燥程度基本相似。

大约烘烤 10 小时以后，此时除菇柄以外，子实体一般均已干燥。烘烤温度可调高到 60℃，以更多的热能使菇体中的胶体水进一步蒸发，但不宜超过 60℃，香菇子实体中含有丰富的蛋白质，温度过高时会破坏香菇的营养成分，同时影响香菇中香味物质的形成。

当香菇子实体的含水量
降到 13％左右时，即可停止
加热。关闭进风口和出风
口，将烘干后的香菇闷在烘
箱内，让其温度自然下降，
当温度接近室温时再开箱取
菇，进行分级包装（图 6 -
5）。

**3. 香菇干制方法的注意
事项**

（1）子实体在八分成熟
时即要采摘以备烘干。采前
禁止向菇体喷水，采收时防
止挤压导致子实体破损、
变质。

图 6-5 分级筛选设备

（2）采摘下的鲜菇应当日修剪，当日烘干，不要堆积，防止
变质、变形。若采收或收购的香菇数量太大，来不及当天烘烤，
必须将其摊放在低温通风处，堆积尽量薄一些，以防止内部发热
而影响烘烤产品质量。

（3）通常在烘烤前，可将香菇先晒几个小时以降低子实体的
水分，然后再放入烘箱内烘烤，这样既可以节省能源，又可以缩
短烘烤时间，还可以提高烘烤质量。

（4）烘干过程中掌握火候，鲜菇不可高温急烘，特别是烘干
初期，否则菇体易出现外焦内湿，颜色变深或发黑。

（5）烘干过程中，要注意烘干箱内排湿通风，防止菇体
变色。

（二）香菇盐渍技术

1. 盐渍原理 盐渍是利用食盐进行鲜菇加工的一种方法。

一般微生物细胞液的渗透压力在 $3.5\times10^5\sim16.9\times10^5$ 帕，细菌为 $3.0\times10^5\sim6.1\times10^5$ 帕。而 1‰的食盐溶液就可产生 6.2×10^5 帕的渗透压力。高渗透压导致微生物的细胞发生质壁分离从而造成微生物细胞的生理干燥，迫使其处于假死状态或休眠状态，从而达到防止鲜菇腐烂变质和长期贮藏的目的。

2. 盐渍的工艺流程

选料 → 分级 → 漂洗 → 煮制 → 冷却 → 盐渍 → 翻池

3. 盐渍的具体方法

（1）选料　按商品品质要求，在香菇子实体完全开伞前将其采下进行初步处理，剪去菇脚，清理菇体表面杂质等。

（2）分级　根据子实体品质的不同以及出口和内销级别进行分类，主要以菇形完整与否、菇盖大小、柄长短、开伞程度和颜色进行分级，以利加工分选。

（3）漂洗　把分好级的香菇子实体放入水中进行清洗，去掉其中混合的杂质。

（4）煮制　将香菇和水按 1:2～2.5 的比例投入锅内进行煮制。在不锈钢容器中加入足量的水，按水的 10%加入无碘盐，当水开后，加入香菇，水再开后，翻动菇体，视菇体大小决定煮制时间，一般以 5～10 分钟为宜。

（5）冷却　把煮熟的菇体放入凉水中进行冷却，水以流动水为好，应视菇量确定水量，以凉到子实体中心无热度为宜。

（6）盐渍　按盐渍的鲜菇总重量的 40%准备食盐量，目前多用无碘盐，把已冷却的子实体按照容器的大小，一层香菇一层盐进行盐渍。当容器达到 4/5 满时，加入 23 波美度饱和盐水，盐渍 7 天后进行翻倒，盐渍 15～20 天后即可出售。

4. 盐渍加工过程中的注意事项

（1）香菇的品质　应选择品质好的香菇进行加工以利于销售和提高加工后商品的附加值。从采摘到分级及煮制过程中，一定要注意使子实体干净，无杂质，尤其是要清除携带的培养料及幼菇、死菇，以使加工后的产品保持较高的商品性（图6-6）。

图6-6　盐渍香菇

（2）香菇的颜色　在煮制过程中，一定要防止菇体失去自身的特性，尽量保持原有的颜色。护色药剂一定要严格控制在使用范围以内，尽量少量使用，不超标。

（3）菇的煮熟度　香菇在杀青的过程中，一定要煮熟，忌夹生菇或熟的过度，防止夹生菇在长期储存时烂心，失去商品价值；也防止煮熟过度，造成菇体发软、破碎，不易包装运输。

（4）菇的盐度　盐的浓度一定在22～23波美度，盐度太小可能造成产品不易储存，而体现不出盐渍的作用，盐度太大则可能无法食用。所加盐水一定为开水化盐，以防盐红菌出现。

二、香菇精加工技术

随着香菇产业的发展，原来的香菇初加工技术已经远远不能满足消费者的需求。一些在其他农产品中常用的精加工技术慢慢进入到食用菌领域，精加工形成的产品风味好、附加值高、消费者的认可度高，是食用菌产品以后发展的主要方向。此处介绍几种香菇加工中常见的精加工产品及其方法。

（一）油炸风味香菇

油炸风味香菇保持了香菇特有的风味和香气，可以用来炒菜，也可以直接加工成凉菜，具有食用方便、耐存放等优点。油炸香菇即食食品加工工艺流程：选料→处理→油炸→配料调味→

储存包装。

1. 选料 油炸香菇即食食品以大豆油等不饱和脂肪酸含量较高的油料为介质，香菇原料为有卷边但孢子未释放的子实体，采收前一天禁止喷水，不得以布袋或者塑料袋盛放，不得挤压码放，以防发热变质。要求菇形完整，无病虫害，无霉变。

2. 鲜香菇处理 将采收后的鲜香菇用剪刀剪去黏有培养料的菇柄，菇盖直径以 1～4 厘米为宜。

3. 油炸 油炸时香菇的添加量为锅内油量的 40%～60% 为宜，将油加热至冒青烟，然后放 2～4 节葱头，以除异味。当锅内油温达到 120℃ 左右时将火调小，2 分钟后放入菇片，维持油温在 110～120℃，边炸边翻动，油炸 6～8 分钟后将油和香菇迅速分离，用不锈钢网筛过滤后倒在配料案板上。

4. 配料和调味 将调味用的食盐、胡椒、辣椒、花椒、五香粉等调料按照口味风格进行调配，按照 2% 的添加量兑入油炸香菇内，趁热调配均匀、冷却。

5. 包装 将调味好的油炸香菇产品按照商品要求进行包装，密封，低温贮藏和运输销售。

（二）香菇调味品

鲜香菇在加工生产过程中，不免会残留很多的畸形菇、菇柄、菇丁、菇渣等下脚料，利用这些下脚料配以适当的辅料可加工出各种美味调料，例如香菇酱油、香菇酱、香菇调味汁、香菇精等产品。此节以香菇酱油为例介绍调味品的加工技术。

香菇酱油不但具有传统酱油的调味作用，更具有特殊的香菇香味，为调味佳品，深受消费者的喜欢。一般每千克香菇下脚料可制成 10 千克优质香菇酱油。香菇酱油工艺流程：原料选择→破碎浸泡→配料浓缩→配料盐水→精品制成。

1. 原料 鲜菇 10 千克、炒盐 6 千克、豆水 10 千克、温水 100 千克、干姜 400 克、小茴香 300 克、花椒 250 克、大料 200

克、橘皮200克、桂皮150克、食用防腐剂100克、赖氨酸50克、味精50克，酱色适量。

2. 破碎浸取　将鲜菇去杂冲洗沥干，用不锈钢机械挤碎，切不可用铁刀切。破碎后加入约50℃的温水中浸5~6小时，浸泡过程中经常搅拌，为提高有用成分浸取率，可用食用酸调pH 4~4.5，然后入不锈钢锅加热煮5分钟。

3. 配料浓缩　将干姜、小茴香、花椒、大料、橘皮、桂皮等调味品加入菇料中，搅拌后熬两开，闷火浸泡24小时，再搅拌后熬2小时，用清洁布袋过滤，取澄清液。若采用低温真空浓缩，在浓缩锅内应维持在$8.0×10^4$帕以下进行。若加压浓缩时，蒸汽压力应保持在$2.74×10^5$~$2.94×10^5$帕浓缩到折射度为30%为止。

4. 调配盐水　另用5千克50℃的温水把酱色泡化，加水烧开，再加适量炒盐，搅拌溶化后冷却，取澄清液。

5. 精制成品　将以上两种澄清液同时倒入大锅煮沸5~10分钟，添加味精、赖氨酸、防腐剂以及大豆熬成的豆水，搅拌溶化后即成成品。成品装入经蒸汽杀菌的玻璃瓶或其他包装容器中，并加盖密封，抽检质量和卫生指标后，便可作商品出售。

（三）香菇肉松

香菇肉松是以香菇柄为主要原料，在香菇柄中添加一定量的肉松（一般占15%~20%）、调味品加工而成。成品呈纤维絮状、疏松，其外观、色泽与肉松相似，除了带有香菇特有的风味外，还含有浓厚的猪肉香味，口感可以与肉松相媲美，在市场上很受欢迎。香菇柄肉松的工艺流程：选料→软化→压榨→分离纤维→调味→烘干→分离→称量→包装→成品。

1. 选料　生产原料包括香菇柄、肉松、食用油、蔗糖、味精、盐等。香菇肉松选用的菇柄有两种：一种是干菇柄，另一种是鲜菇柄。为了保证产品具有浓厚的香菇风味，以干香菇柄为原料效果更好。干香菇菇柄的菇蒂上如果带有木屑，必须去掉蒂头，以免影响产品的风味。加工前要进行挑选，去掉发霉、变质的菇柄。

2. 软化　把挑选后的干香菇菇柄按1∶2的比例浸泡于清水中，宜选用冷水浸泡，以防止营养成分的损失，浸泡时间一般为4～5小时。

3. 压榨　将浸泡好的菇柄从水中取出清洗2～3遍后，放入压榨机中压榨。榨后菇柄的水分含量一般在60%左右。

4. 分离纤维　分离纤维是生产香菇柄肉松的关键步骤之一，分离的好坏直接影响到产品的感官和质量，一般采用粉碎机来进行纤维分离。粉碎出来的产品要求菇柄纤维呈絮状、疏松、均匀。

5. 调味　香菇肉松的独特之处是带有浓厚的香菇风味，因此配料不宜选用味道太过强烈的调味品，以免掩盖香菇本身的风味。加入调味品搅拌均匀后，放置20分钟，让调味品渗透到原料内部。一般针对不同地区的口味要求，可以加工成不同味道的香菇肉松，如辣味的、咖喱味的、油酥型的等。

6. 烘烤　调味后放入烘盘，摊放的厚度2～4厘米。刚开始20分钟，把温度调到120℃，而后降至80℃保温3小时，中间翻动1～2次。烘干到水分含量20%左右即可出烘箱，包装成品。

（四）香菇蜜饯

香菇蜜饯的工艺流程：原料选择→软化→盐渍→煮沸→糖渍→干燥→包装。

1. 原料选择　选取干净无杂质的干菇柄或者鲜菇柄，去掉其中发霉、变质、虫蛀的菇柄，以保证其用料的质量。辅料需要白糖和食盐。

2. 软化　将干菇柄用清水浸泡8小时左右（鲜菇柄不浸

泡），捞起后冲洗干净、沥干，备用。

3. 盐渍　将已浸泡、沥干的香菇菇柄，按一层菇柄一层盐的方法放入缸内进行盐渍，盐渍 12～24 小时，视各地口味而定，盐渍后取出用水冲去表面的盐粒。

4. 煮沸　按蜜饯制作常规，分次加糖煮沸，一般煮糖 4 次。

5. 糖渍　将加工好的菇柄放在煮沸的糖液中浸泡 24 小时，要注意使菇柄吃糖均匀。

6. 烘干　将糖渍后的菇柄捞出沥干，送入烘干机内烘干，即得成品。产品甜中带咸，又有香菇特有的风味。

7. 包装　将上述成品，按产品质量要求进行不同预定规格的包装。

（五）香菇速溶茶

香菇速溶茶是在速溶茶生产过程中加入风味独特的香菇辅料，既可增加茶的保健作用，又不失茶的原有特点，还能保持冲泡即溶，不留余渣，浓淡易调，深受消费者喜爱。其制作方法如下：

1. 原料配比　茶味原浆 14 千克、麦芽糊精 18 千克、细糖粉 8 千克、香菇原浆 8 千克、柠檬酸 1.6 千克、香兰素 0.8 千克。

2. 制作方法

（1）选择无霉变、无病虫害的新鲜香菇或干制菇柄或冷冻菇柄，漂洗干净后沥水，然后把香菇柄切成薄片或碎粒，长度保持在 5 毫米以下，以干菇与水的比例为 1∶10 为宜，鲜菇与水之比为 1∶5 为宜，冻菇柄与水之比为 1∶6 为宜，进行 3 次浸提、过滤，合并 3 次滤液，浓缩备用。

（2）绿茶或红茶以 1∶8 的比例加水浸提，待水沸时倒入茶叶，在 100℃下浸煮 5 分钟，然后迅速降温至 70℃以下并及时过滤为一次浸提液。将滤渣以 1∶4 的用水量进行第二次浸提，并加酶液浸提过滤，合并两次浸提液，浓缩备用。

（3）先将固体配料混合均匀，再根据茶叶风味要求按照固定比例分别加入香菇原浆与茶叶原浆，充分搅拌均匀后采用摇摆式造粒机进行茶叶造粒。要求在真空度 4.0×10^4 帕，$50 \sim 60 \, ℃$ 下干燥 25 分钟。最后利用离心喷雾干燥机进行喷雾干燥，要求干燥的温度为 $90 \sim 100 \, ℃$，含水量在 13% 以下，迅速用真空包装机进行定量分装即为成品。

（六）香菇多糖制品

随着人民生活水平的提高，对保健品的需求越来越多，将香菇产品进行深加工制成保健品，不但会解决香菇产品的销售问题，更能大大提高香菇的价值。香菇多糖是目前研究利用最多的有效药用成分。作为保健食品原料，香菇多糖易溶于水，可与其他有补益作用的天然食品或微量元素调配，制成香菇多糖系列保健食品。

香菇多糖的提取工艺简要介绍如下：香菇子实体粉碎，低温烘干，准确称量，乙醇回流脱脂，乙醇提取物回收处理，香菇子实体粉末加入 20 倍量水，温度 $100 \, ℃$，反应时间为 2 小时提取香菇多糖粗品，浓缩提取液，离心除去沉淀，上清液中加入 95% 乙醇或是无水乙醇，使乙醇终体积分数为 75%，离心取沉淀即得香菇多糖粗品。

主要参考文献

陈德明 . 2001. 食用菌生产技术手册 ［M］. 上海：上海科学技术出版社 .

董晓宇，宁安红，曹婧，等 . 2005. 香菇及其药理作用研究进展 ［J］. 大连大学学报，26（2）：65 - 68.

何永，伍玉明，高红东，等 . 2010. 香菇营养成分研究进展 ［J］. 现代农业科技（23）：140 - 141.

黄年来，林志彬，陈国良，等 . 2010. 中国食药用菌学 ［M］. 上海：上海科学技术文献出版社 .

黄伟 . 2010. 香菇生产技术与产业化管理 ［M］. 北京：中国农业出版社 .

黄毅 . 2008. 食用菌栽培 ［M］. 北京：高等教育出版社 .

张金霞，谢宝贵 . 2006. 食用菌菌种生产和管理手册 ［M］. 北京：中国农业出版社 .

图书在版编目（CIP）数据

香菇安全生产技术指南/谭琦，宋春艳主编 . —北京：中国农业出版社，2012.1

（农产品安全生产技术丛书）

ISBN 978 - 7 - 109 - 16435 - 2

Ⅰ.①香… Ⅱ.①谭…②宋… Ⅲ.①香菇—蔬菜园艺—指南 Ⅳ.①S646.1 - 62

中国版本图书馆 CIP 数据核字（2011）第 270410 号

中国农业出版社出版

（北京市朝阳区农展馆北路2号）

（邮政编码 100125）

策划编辑 舒 薇

文字编辑 郑 君

北京中兴印刷有限公司印刷 新华书店北京发行所发行

2013 年 1 月第 1 版 2013 年 1 月北京第 1 次印刷

开本：850mm×1168mm 1/32 印张：4.25

字数：102 千字

定价：10.00 元

（凡本版图书出现印刷、装订错误，请向出版社发行部调换）